景观设计

赵鲁生　崔建成◎著

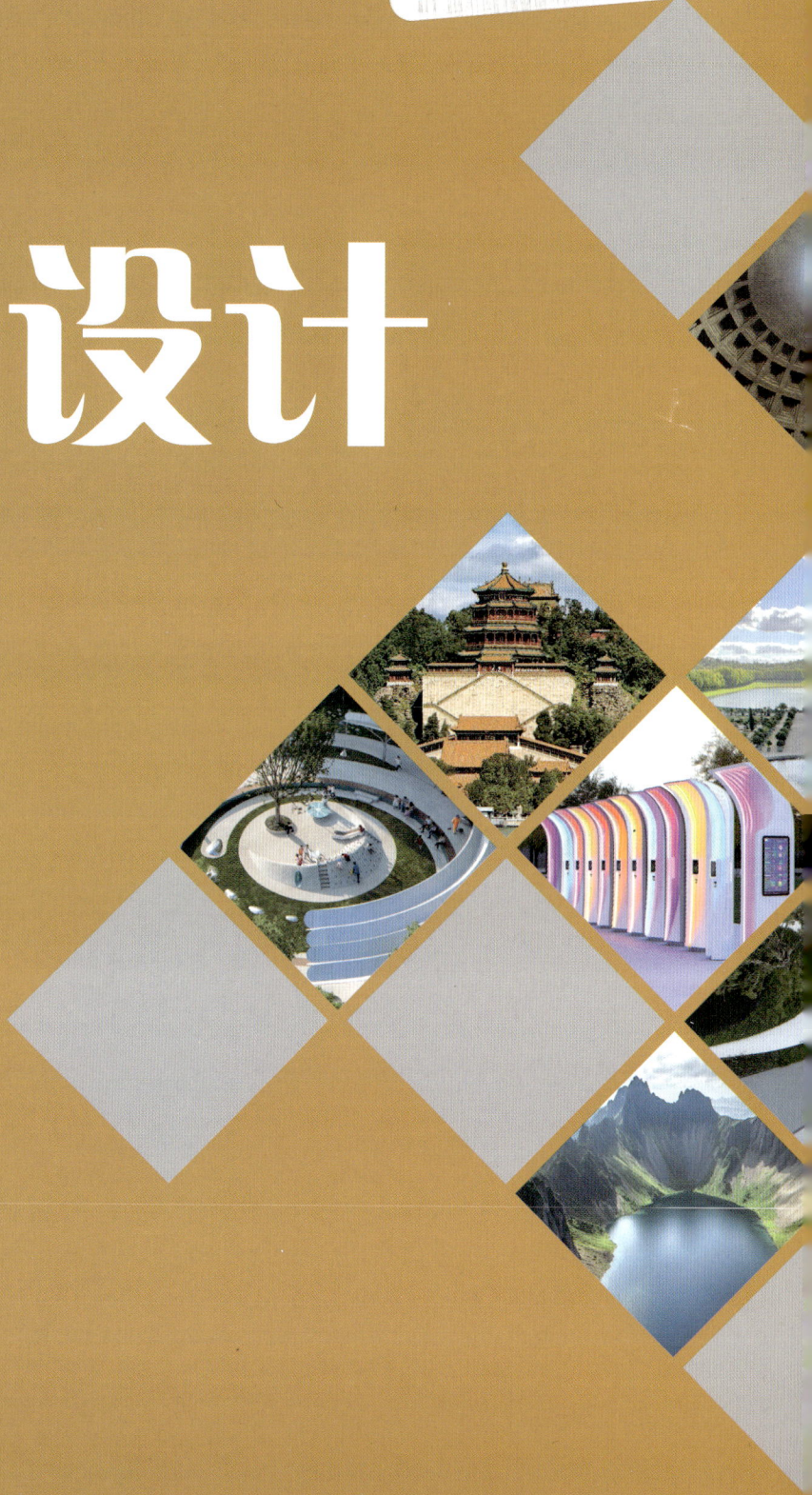

清华大学出版社
北京

内 容 简 介

本书以培养和提升景观设计专业人才的综合能力为出发点,系统全面地阐述了景观设计的基本理论、景观空间设计、环境规划、景观施工技术、可持续景观设计等内容。本书不仅对传统景观设计进行了详细探讨,还融入了现代设计理念,强调生态、绿色环保及智能技术在景观设计中的应用。

在结构上,本书摒弃了单纯列举理论要点的写作方式,而是通过案例分析、项目式教学与互动设计的思维方法,将知识拆分成若干模块,每个模块独立成篇。书中的每个部分均结合实际案例,注重培养学生的创新思维与解决实际问题的能力。通过深入分析不同类型的景观设计项目,读者可以全面理解景观设计的流程和技术要求,同时掌握如何通过创意和科技手段提升设计效果。

本书紧跟行业发展的前沿趋势,内容层次分明,理论与实践相结合,既具备较强的操作性,又有一定的科研价值,适合设计专业的本科生、研究生及广大设计爱好者学习和使用。

图书在版编目(CIP)数据

景观设计 / 赵鲁生,崔建成著. –– 北京:清华大学出版社,2025.7.

ISBN 978-7-302-69603-2

Ⅰ. TU983

中国国家版本馆CIP数据核字第2025H2Y695号

责任编辑:邓　艳
封面设计:刘　超
版式设计:楠竹文化
责任校对:范文芳
责任印制:杨　艳

出版发行:清华大学出版社
　　　　网　　　址:https://www.tup.com.cn,https://www.wqxuetang.com
　　　　地　　　址:北京清华大学学研大厦 A 座　　　　邮　　编:100084
　　　　社 总 机:010-83470000　　　　　　　　　　邮　　购:010-62786544
　　　　投稿与读者服务:010-62776969,c-service@tup.tsinghua.edu.cn
　　　　质量反馈:010-62772015,zhiliang@tup.tsinghua.edu.cn
印 装 者:三河市铭诚印务有限公司
经　　销:全国新华书店
开　　本:210mm×285mm　　　　印　　张:10　　　字　　数:216千字
版　　次:2025 年 8 月第 1 版　　　　　　　　印　　次:2025 年 8 月第 1 次印刷
定　　价:89.80 元

产品编号:112267-01

前言

随着城市化进程的加速和人们对生活质量要求的提升，景观设计作为兼具艺术性和科学性的学科，越来越受到人们的关注。从传统园林到现代城市景观，景观设计不仅是对自然环境的塑造，更是优化人类生活空间的重要手段。无论是公共景观规划还是私人庭院设计，都需要设计人员对环境、文化和社会需求有深刻理解。

本书旨在为读者提供系统的景观设计知识框架，涵盖从基础理论到实践操作，从传统设计要素到现代创新理念的各个方面。书中内容不仅讨论了经典的设计元素，如地形、植物、建筑、铺装和水体等，还探讨了低碳、智能化及田园综合体等当代景观设计的新方向。通过本书，读者可以了解景观设计的多维度特点，掌握基本设计技能，并激发创新思维，推动景观设计行业的发展。

为了更加直观地呈现景观设计知识，本书以丰富的图片为支撑，结构清晰，理论与实践并重，具有较强的启发性。无论是艺术设计专业的学生、设计人员，还是设计爱好者，均能从中受益，提升设计能力。

本书共7章：第1章介绍景观设计原理，探讨景观的定义、构成及自然与人工景观的融合，分析景观设计的核心要素。第2章专注景观要素的设计方法，讲解地形、植物、建筑、铺装、景观构筑物等设计技巧。第3章将景观设计进行分类，从公共景观到私人、商业与生态景观设计，提供了实际案例与操作指导。第4章介绍低碳城市景观设计理念，探讨如何在景观设计中融入生态、环保和可持续发展元素。第5章至第7章则介绍智能交互景观设计、田园综合体设计及现代技术与自然景观的结合，尤其是智能景观设计，结合物联网、大数据等前沿技术，展示了现代科技为景观设计带来的改变。

最后，本书重点介绍了景观设计的实施流程和建造管理，包括设计手法、施工图编制、施工过程中的管理及养护与维护策略，为读者提供理论与实践的全方位指导。

本书由青岛科技大学赵鲁生和崔建成两位老师撰写，若书中存在疏漏，恳请读者指正。特别声明：书中引用的作品和图片仅供教学分析使用，版权归原作者所有，特此致谢！

著　者

目录

第1章 景观设计原理

1.1 什么是景观

景观是一个综合性的概念，涵盖了自然与人工环境的各个方面。它不仅是视觉上的呈现，更是一个综合了空间、环境与人类活动的复杂体系。景观不仅包括自然景观和人工景观，还涉及环境体验、文化背景及人与环境之间的互动。下面将详细探讨景观的定义、构成要素、自然与人工景观的交融及它们各自的特点（见图1-1～图1-4）。

图1-1 自然景观：九寨沟（1）

图1-2 自然景观：九寨沟（2）

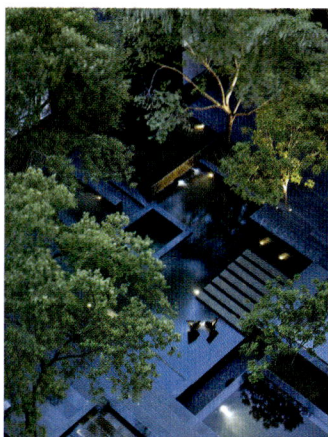

图1-3 人工景观：极简现代景观

图1-4 人工景观：极简现代景观庭院

1.1.1 景与观的定义

"景观"一词由"景"和"观"两个字组成，其中"景"指的是具体的自然或人工环境，而"观"则涉及对这些环境的观察和体验。因此，景观不仅是自然与人工环境的综合体现，也是人们通过感官对这些环境的感知结果。景观的定义不仅仅停留在视觉层面，它还涉及声音、气味、触觉等多种感官的体验。例如，在山林中，人们不仅能看到美丽的风景，还能听到鸟鸣声，嗅到树木的清香，这些都是景观体验的一部分。

自然景观包括山川、河流、湖泊、森林等，它们是自然形成的地理和生态特征。人工景观则包括城市建筑、园林绿地、广场等，是人类通过设计和建设创造出来的环境。景观的价值不仅在于它们本身的美学特征，还在于它们能够传递出的文化和情感。一个典雅的园林不仅展示了设计师的艺术水平，也反映了一个时代的文化风貌。例如，拉萨瑞吉酒店的景观设计融合了西藏传统文化与现代奢华元素，巧妙运用鲜艳的藏式色彩和建筑风格，展现

了浓厚的地方特色，如图1-5～图1-8所示。酒店周围的自然景观与布达拉宫的远景相得益彰，绿化带和庭院中的水景、石雕和植物为宾客提供了宁静的休闲空间。内部设计融合了藏式艺术与手工艺，打造了一个既体现西藏文化又具现代感的奢华环境，为客人提供独特的文化与自然体验。

图1-5　人工景观：拉萨瑞吉酒店（1）

图1-6　人工景观：拉萨瑞吉酒店（2）

图1-7　人工景观：拉萨瑞吉酒店（3）

图1-8　人工景观：拉萨瑞吉酒店（4）

1.1.2　景观的构成与体验

景观的构成要素是多样的，主要包括地形、植被、水体、建筑等。这些要素通过相互作用和组合，形成了独特的空间体验。例如，在山地景观中，地形的起伏变化与植被的分布相辅相成，水体的存在更为景观增添了动感和生机。在这种环境中，人们能够感受到一种宁静的自然氛围，这种氛围不仅来自视觉上的美感，还包括空气的清新和环境的静谧

（见图1-9～图1-11）。

以黄山为例，其奇松、怪石、云海等自然景观要素相互交织，形成了一幅极具动感和层次感的自然画卷。黄山的风景以壮丽和奇特而闻名，这种独特的景观体验不仅依赖于地形和植被的组合，还包括云雾和光影的变化，这些变化赋予了黄山景观丰富的层次和变化，使其成为让游客流连忘返的地方（见图1-12～图1-15）。

而在城市环境中，公园作为一种人工景观，通

图1-9　青岛崂山风景（1）

图1-10　青岛崂山风景（2）

图1-11　青岛崂山风景（3）

图 1-12　黄山怪石：猴子观海

图 1-13　黄山云海

图 1-14　黄山奇松（1）

过绿地、步道、休闲设施等要素的布局，为人们提供了一个放松、社交和休憩的空间。公园中的景观设计不仅关注美学，还考虑到了人们的使用需求和舒适体验。例如，城市公园中的步道设计可以使人们在散步时享受自然风光，同时，休闲区和运动场所则为人们提供了多样化的活动选择，使公园成为一个综合性的休闲场所（见图 1-16～图 1-19）。

1.1.3　自然与人工的交融

自然景观与人工景观的融合能够创造出独特而引人入胜的景观。在现代景观设计中，越来越多的项目致力于将自然元素与人工结构有机结合，以实现生态效益与视觉美感的双重目标。杭州的西溪湿地就是一个典型的例子，它将自然湿地与现代设施相结合，形成了一个既有生态价值又具观赏性的公共空间。

西溪湿地的设计充分考虑了自然环境与人造设施之间的

图 1-15　黄山奇松（2）

图 1-16　广州·空中步道

图 1-17　临沂·水杉步道

图 1-18　南宁·柳沙公园步道

第 1 章　景观设计原理 ◆

图1-19　天津·南堤滨海步道公园

和谐。湿地内的步道和观景平台采用了对生态友好的材料，不仅方便游客观赏湿地风光，还减少了对自然生态的干扰。此外，湿地中丰富的植物群落和生物多样性为游客提供了独特的生态体验，使人们能够在这里观看各种鸟类和水生植物的生活状态。这种设计不仅提升了湿地的美学价值，也增强了公众对生态保护的意识，鼓励人们更加关注和珍惜自然环境（见图1-20～图1-24）。

1.1.4　自然景观与人工景观要素

自然景观的特征在于其多样性和动态性。自然景观随着季节变化展现出不同的面貌，提供了丰富的感官体验。例如，四季分明的长白山，春天花开、夏天荫绿、秋天叶红、冬天雪飞，各具特色。这种变化不仅体现了自然的魅力，也展示了生态系统的丰富性和复杂性。长白山的多样性使其成为一个四季皆宜的旅游胜地，每个季节都能为游客提供不同的景观体验（见图1-25～

图1-20　西溪湿地（1）

图1-21　西溪湿地（2）

图1-22　西溪湿地（3）

图1-23　西溪湿地（4）

图1-24　西溪湿地（5）

图 1-28）。

人工景观的构建则反映了人类的文化和价值观。通过规划与设计，人工景观体现了设计师的艺术追求及文化背景。北京的颐和园是中国古典园林的另一代表，以其宏伟的规模和丰富的文化内涵，展示了清代皇家园林的独特魅力。颐和园的设计围绕着昆明湖展开，湖泊与山丘、亭台楼阁相互辉映，形成了一幅和谐的自然与人文结合的画卷。园中的长廊、石桥和佛香阁等建筑，充分体现了中国传统建筑艺术的精髓。每一处景观都承载着历史故事和文化寓意，展示了清代皇家生活的奢华与品位。颐和园不仅是游览的好去处，更是研究中国园林艺术和历史的重要场所。其丰富的文化积淀和精美的设计使其不仅成为世界文化遗产，也成为众多游客向往的文化胜地。通过这些人工景观，游客能够更深入地理解和感受中国悠久的历史与文化（见图 1-29～图 1-32）。

总之，景观作为一个综合性的概念，涵盖了自然与人工环境的多重维度，通过不同要素的组合与交融，创造出了丰富的空间体验。无论是自然景观还是人工景观，都在不同的层面上影响着人们的生活和文化。了解和欣赏这些景观不仅能够提升我们的审美能力，也能够增强我们对环境和文化的认知。

图 1-25　长白山自然景观（1）

图 1-26　长白山自然景观（2）

图 1-27　长白山自然景观（3）

图 1-28　长白山自然景观（4）

图 1-29　颐和园景观（1）

图 1-30　颐和园景观（2）

1.2　景观与园林

　　园林作为景观设计的重要组成部分，不仅承载了自然环境的美，也是文化和历史的深厚积淀。其演变历程展现了从古代自然园林到现代城市公园的转变，并且在生态与人文结合方面表现出了独特的进步。下面，我们将详细探讨园林的演变、生态与人文结合的趋势，以及园林在景观中的核心地位。

1.2.1　园林的演变

　　园林的演变可以追溯到古代，早期的自然园林强调人与自然的和谐关系。伊斯兰园林是一种具有深厚文化和宗教背景的园林形式，代表了古代园林设计中对人与自然和谐关系的追求。典型的例子是位于西班牙的阿尔罕布拉宫（Alhambra）园林。阿尔罕布拉宫园林以其精美的几何图案、流动的水系和丰富的植被而闻名，充分体现了"天堂花园"的理念，如图 1-33～图 1-36 所示。

图 1-31　颐和园景观（3）

图 1-32　颐和园景观（4）

图 1-33　阿尔罕布拉宫（1）

图 1-34　阿尔罕布拉宫（2）

图 1-35　阿尔罕布拉宫（3）

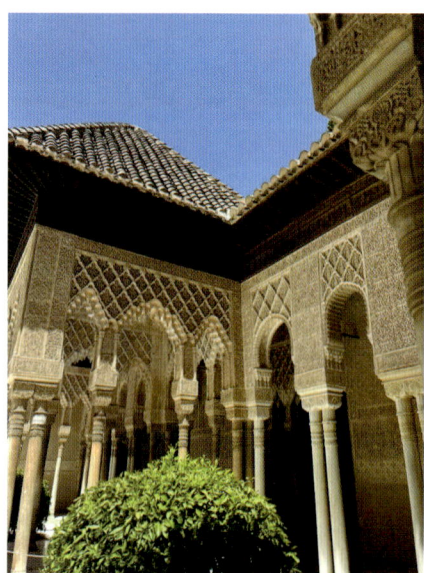

图 1-36　阿尔罕布拉宫（4）

　　阿尔罕布拉宫园林设计了四个区域，象征着伊斯兰教的四条河流（水、乳、酒、蜜），通过水渠、喷泉和池塘将水引入园中，营造出清凉和宁静的氛围。

园中使用的植物种类繁多，如橙树、棕榈和花卉，不仅美化了环境，还为人们提供了一个沉思和冥想的空间。阿尔罕布拉宫园林不仅是一个美丽的景观，更是伊斯兰文化、宗教信仰与自然和谐共存的象征。

进入现代,园林的设计逐渐向城市公园转变,关注的不再只是自然美的再现,还包括生态功能和人们的休闲需求。巴西的伊比拉布埃拉公园(Ibirapuera Park)是现代园林设计的重要案例,体现了园林与城市生活的结合。由著名建筑师奥斯卡·尼迈耶(Oscar Niemeyer)和景观设计师罗伯托·布尔巴基(Roberto Burle Marx)于1954年设计,伊比拉布埃拉公园是圣保罗市民的重要休闲场所(见图1-37~图1-40)。

伊比拉布埃拉公园占地超过150万平方米,它融合了广阔的绿地、人工湖、步道和文化设施,满足了城市居民的休闲需求。公园的布局强调了自然景观与城市环境的和谐,鼓励人们参与各种户外活动。伊比拉布埃拉公园不仅提供了美丽的自然景观,还成为圣保罗文化和社会活动的中心,经常举办各种展览和节庆,体现了现代园林在生态和社会功能上的双重价值。

图1-37 伊比拉布埃拉公园(1)

图1-38 伊比拉布埃拉公园(2)

图1-39 伊比拉布埃拉公园(3)

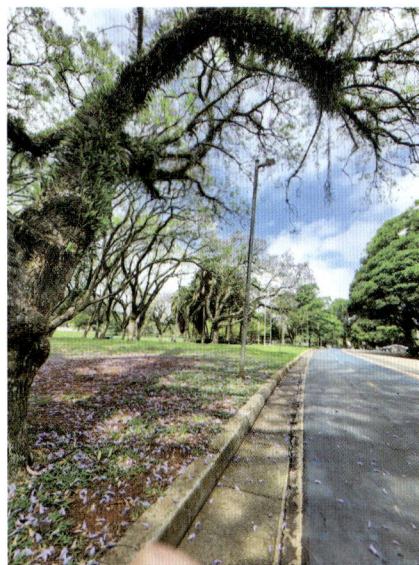

图1-40 伊比拉布埃拉公园(4)

1.2.2 生态与人文的结合

现代园林设计越来越重视生态与人文的结合,强调可持续性和文化传承。荷兰的"风车村"(Zaanse Schans)是一个成功的例子,这里不仅展示了传统荷兰风车,还融入了当地农业文化和生态保护理念。风车村的设计通过保护和展示传统的风车和木屋,展现了荷兰的历史和工艺,同时它采用了可持续的设计理念,如雨水回收和自然材料使用,展示了对环境的尊重和保护(见图1-41~图1-44)。

图1-41 风车村(1)

图1-42 风车村(2)

在现代园林中,生态设计原则被广泛应用,推动了绿色基础设施的发展。例如,巴黎的拉维莱特公园(La Villette Park)由设计师伯纳德·屈米设计,通过灵活的空间布局和多样化的功能区域,融合了生态和文化元素。公园内的"文化花园"不仅包括丰富的植被,还设有展示空间,成为一个集自然美、文化活动和教育功能于一体的综合场所(见图1-45～图1-48)。

图 1-43　风车村（3）

图 1-44　风车村（4）

图 1-45　拉维莱特公园（1）

图 1-46　拉维莱特公园（2）

图 1-47　拉维莱特公园（3）

图 1-48　拉维莱特公园（4）

1.2.3　园林在景观中的核心地位

园林作为景观设计中的核心元素,为人们与自然互动提供了重要空间。园林设计不仅满足了人们的休闲和娱乐需求,还创造了社交和文化交流的平台。东京的上野公园就是一个突出的例子。作为东京最大的公园之一,上野公园以其丰富的植被、博物馆和动物园等文化设施成为市民日常生活的重要组成部分。公园内的大型樱花树每年吸引成千上万的游客来此赏花,体现了园林作为文化和自然结合体的核心地位。

此外,园林还作为文化与历史的承载体展示了不同时期的历史和文化价值。布朗克斯植物园(The New York Botanical Garden)是美国最大的植物园之一,面积超过 250 英亩(1 英亩 ≈ 4046.86 平方米)。作为一个重要的生态和文化空间,布朗克斯植物园不仅致力于植物保护和教育,还为城市居民提供了一个与自然亲密接触的场所。园内设有多个不同主题的花园,包括温室、湿地和野生植物区,吸引了众多游客和植物爱好者。每年,布朗克斯植物园都会举办多种文化活动和教育项目,例如植物展、艺术展和节日庆典。这些活动不仅丰富了人们的文化生活,也促进了人们对生态保护和生物多样性的认识。布朗克斯植物园通过其精美的自然景观和丰富的文化活动成为纽约市民和游客了解自然与植物的重要平台（见图1-49～图1-52）。

综上所述，园林作为景观设计的重要组成部分，经历了从自然园林到城市公园的演变，体现了现代园林设计中对生态和人文结合的重视。在园林中，人们不仅能享受到自然的美景，还能感受到文化和历史的沉淀，这使得园林在景观中占据了不可替代的核心地位。通过对园林设计的深入探索，我们不仅能够理解其美学和功能价值，还能够更加深入地感受人与自然、文化之间的紧密联系。

图1-49　纽约布朗克斯植物园（1）

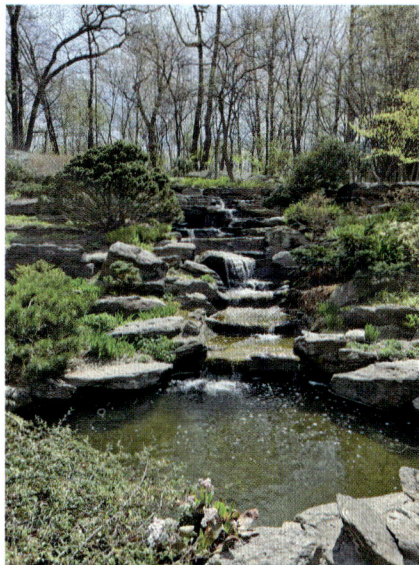

图1-50　纽约布朗克斯植物园（2）

1.2.4　人与自然的互动空间

现代园林设计越来越注重创造人与自然的互动空间，这种设计不仅能提供视觉上的愉悦，还能提高人们对环境的认知和保护意识。一个典型的例子就是美国波士顿的查尔斯河长廊（Charles River Esplanade）。这个城市公园由著名园林设计师弗朗西斯·弗拉奇（Francis）在20世纪60年代进行过大规模改造，目的是将自然景观与城市生活完美融合。

查尔斯河长廊沿着查尔斯河岸线展开，总长超过3km，设计时考虑了多样化的使用需求，包括步道、自行车道、跑步道等多个休闲娱乐区域。步道的设计让行人能够在享受河流美景的同时悠闲地散步，而专门的自行车道则满足了骑行爱好者的需求。此外，公园内还设有运动场地和游乐设施，为人们提供了充足的活动空间（见图1-53～图1-56）。

设计师在查尔斯河长廊中的关键设计理念是"流动性"，即通过与水体的紧密结合营造出一种动态的自然体验。河流的流动与公园内植物的生长相互呼应，形成了一个充满生机的生态环境。例如，公园的植被设计采用了本土植物，这些植物不仅减

图1-51　纽约布朗克斯植物园（3）

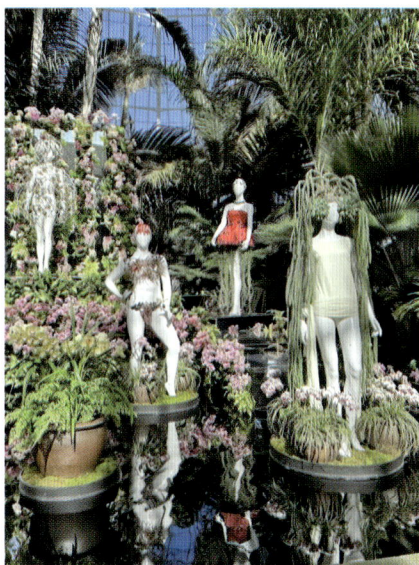

图1-52　纽约布朗克斯植物园（4）

少了水资源的消耗，还为当地的野生动物提供了栖息地。这种植物与水体的融合设计不仅增强了视觉的层次感，也有助于改善空气质量和城市微气候。

除了自然景观的提升，查尔斯河长廊还通过各种环境教育活动促进公众对自然环境的认识。公园定期举办生态讲座和自然观察活动，使居民能够深入了解河流生态系统及其保护的重要性。例如，夏季时，公园内会组织亲子自然教育活动，通过趣味讲解和实地观察让孩子们在玩乐中学习生态知识。这些活动不仅提升了居民的环保意识，还培养了他们对自然的热爱和尊重。

通过这些设计和活动，查尔斯河长廊成为一个生动的社区中心，不仅提升了居民的生活质量，也

第1章　景观设计原理

图1-53　查尔斯河长廊景观（1）

图1-54　查尔斯河长廊景观（2）

图1-55　查尔斯河长廊景观（3）

图1-56　查尔斯河长廊景观（4）

强化了人与自然之间的联系。它充分体现了现代园林设计中的"互动空间"理念，即通过功能多样化的设计，让自然环境成为人们日常生活的一部分，从而促进公众对环境的关注与保护。

1.2.5　文化与历史的承载

园林不仅是美丽景观的展示，更是文化和历史的重要载体。它们通过设计、布局和装饰，反映了不同历史时期的社会背景和文化价值观。印度的泰姬陵（Taj Mahal）便是一个典型的例子，它不仅是一座精美的陵墓，更是文化的象征。

泰姬陵位于印度阿格拉，是由皇帝沙贾汉于17世纪为其爱妻穆姆塔兹·玛哈尔所建。其设计结合了伊斯兰、波斯和印度建筑风格，展现了当时建筑艺术的巅峰。泰姬陵周围的花园设计灵感来自古典伊斯兰园林艺术，庭院中有水渠、喷泉和对称的花

坛，象征着天堂的美好景象。

例如，泰姬陵前的主花园由四个对称的部分组成，中央有一条长长的水渠，水渠的两侧种植了各种花卉和树木。这种布局不仅展现了对称美，也象征着生命的流动与自然的和谐。水渠的存在也具有深厚的象征意义，代表着生命和纯洁，同时为花园增添了生机与活力。

此外，泰姬陵的建筑装饰富有文化内涵，采用了精美的石刻工艺，呈现出细腻的几何图案和花卉设计。这些装饰不仅彰显了莫卧儿艺术的独特风格，也体现了设计者对美的追求和对细节的重视。陵墓的主入口和内部装饰中使用的阿拉伯书法引用了《古兰经》的诗句，进一步强调了其宗教和文化的重要性。

泰姬陵不仅是一个艺术与建筑的奇迹，更是一个文化和历史的承载体。它见证了莫卧儿帝国的繁荣与辉煌，成为印度丰富文化遗产的重要象征。每

年吸引着数百万游客的泰姬陵不仅让人们欣赏到其绝美的外观，更引导人们深入了解印度的历史、文化和艺术。

总的来说，泰姬陵作为园林设计的经典代表，展示了如何通过精致的设计和丰富的历史背景，将文化和历史融入园林景观。它不仅是莫卧儿文化的象征，也是全球游客了解印度历史和文化的重要窗口（见图1-57～图1-60）。

图 1-57　印度泰姬陵（1）

图 1-58　印度泰姬陵（2）

1.3　景观设计的三要素

1.3.1　景观环境形象

1. 整体视觉效果与空间感受

成功的景观设计不仅需要创造出引人注目的视觉效果，还要有效地传递特定的文化内涵和情感体验。例如，荷兰梵·高国家森林公园是一个独特的自然保护区，以其丰富的景观和艺术氛围而闻名。公园内的设计注重整体视觉效果，展现了壮丽的自然风光和独特的人造艺术装置。这里有宽广的田野、五彩斑斓的花卉、清澈的水体和宁静的林地，游客可以在不同的步道上漫步，欣赏到大自然的美丽及与梵·高作品相呼应的艺术装置。公园的布局巧妙，设置了观景平台和休息区，使游客能够在舒适的环境中放松身心，感受自然与艺术的和谐共生。

图 1-59　印度泰姬陵（3）

图 1-60　印度泰姬陵（4）

通过这种设计，梵·高国家公园不仅提供了视觉上的享受，还营造出一种静谧和充满灵感的氛围，吸引了众多艺术爱好者和普通游客。公园内的多条步道引导游客在大自然中探险，使游客与自然和艺术亲密接触。梵·高国家公园不仅是一个自然景观的聚集地，更是对荷兰著名画家文森特·梵·高的致敬。公园内的艺术装置和展览展示了梵·高的作品与他对自然的热爱，游客可以通过这些装置感受到他的艺术精神和情感深度。公园的植物和景观设计灵感来源于梵·高的画作，特别是他对色彩和光影的敏锐把握，使游客在游览时能够体会到艺术与自然的无缝连接（见图1-61～图1-64）。

2. 文化内涵与情感体验的传达

景观设计还需要通过其形式和功能来传达特定的文化内涵。例如，意大利的阿尔贝罗贝洛小镇（Alberobello）以其独特的圆顶房屋而著名，这些房屋被称为"特鲁利"（Trulli）。这些建筑风格不仅具有很高的观赏价值，还体现了当地的历史背景和文化传统。小镇的独特建筑风格吸引了大量游客，成为展示地方文化和历史的重要窗口。通过对这些传统建筑风格的保留和展示，阿尔贝罗贝洛不仅保护了自己的文化遗产，还成功地将这些文化传递给了世界各地的游客（见图1-65～图1-68）。

第1章　景观设计原理 ◆

图1-61　荷兰梵・高国家森林公园（1）

图1-62　荷兰梵・高国家森林公园（2）

图1-63　荷兰梵・高国家森林公园（3）

图1-64　荷兰梵・高国家森林公园（4）

1.3.2　环境生态绿化

1. 生态平衡与可持续发展的重要性

现代景观设计越来越注重生态平衡和可持续发

展。澳大利亚的墨尔本皇家植物园（Royal Botanic Gardens）就是一个典型的例子。这个植物园不仅展示了多种本土植物，还通过生态友好的设计措施，保护生物多样性。例如，园区内设置了专门的动物栖息地，以吸引各种鸟类和昆虫，这些措施不仅丰富了园区的生态系统，也为游客提供了观察自然的机会。墨尔本皇家植物园的设计理念强调植物多样性的重要性，并通过科学管理和维护实现了人与自然的和谐共处（见图1-69、图1-70）。

2. 植物配置与自然保护的结合

合理的植物配置不仅能美化环境，还对生态系统有积极的影响。德国的弗莱堡市（Freiburg）以其先进的城市绿化项目而闻名。城市中的绿地、公园和绿化带都经过精心设计以优化城市的生态环境。例如，弗莱堡市在城市规划中大量采用本土植物，

图1-65　意大利的阿尔贝罗贝洛小镇（1）

图1-66　意大利的阿尔贝罗贝洛小镇（2）

图1-67　意大利的阿尔贝罗贝洛小镇（3）

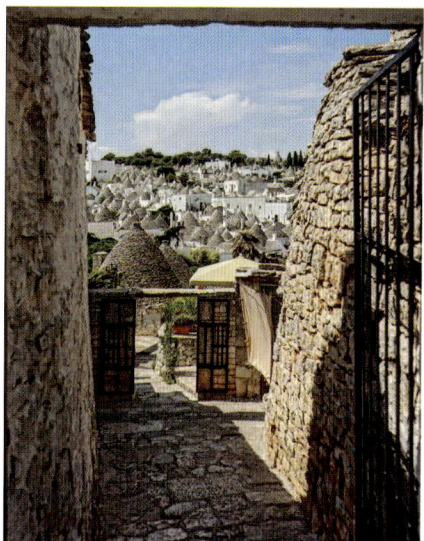

图 1-68　意大利的阿尔贝罗贝洛小镇（4）　　图 1-69　墨尔本皇家植物园（1）　　　图 1-70　墨尔本皇家植物园（2）

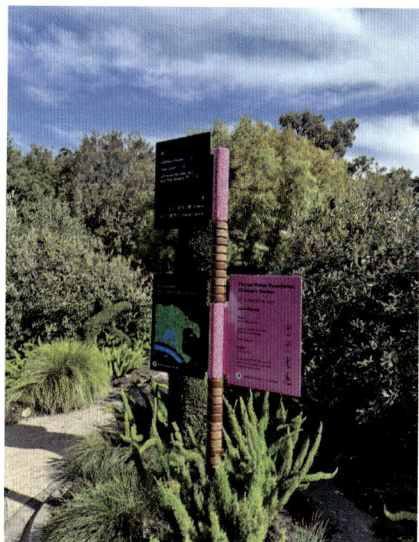

这些植物不仅适应当地气候，还能为动物提供栖息地。同时，城市绿化项目还包括雨水花园和绿色屋顶，这些设计能够有效地减少城市热岛效应，改善空气质量和调节气候。

1.3.3　大众行为心理

1. 人群需求与心理反应的理解

景观设计需要深入理解人群需求和心理反应，以创造出符合大众的环境。例如，丹麦的哥本哈根（Copenhagen）通过设置步行街和自行车道，鼓励市民积极参与户外活动。哥本哈根市政府认识到，步行和骑自行车不仅能缓解交通压力，还能提升居民的健康水平。因此，城市规划者特别注重为市民提供舒适、安全的步行和骑行环境。此外，城市还设计了多个公共空间，如广场和公园，供市民休闲和社交。这些设计不仅满足了人们对运动和休闲的需求，还促进了社区的凝聚力（见图 1-71、图 1-72）。

2. 空间布局与设施设置的影响

合理的空间布局和设施设置可以显著提升人们的参与感和满意度。瑞士的日内瓦湖畔公园（Lake Geneva Park）是一个很好的例子。该公园通过开放的步道和休闲设施吸引了大量游客。公园内设置了宽敞的步道、观景台、儿童游乐区及各种休闲设施，这些设计不仅方便了游客的活动，也提升了他们的体验感。尤其是湖畔步道，游客可以一边散步，一边欣赏湖景，体验自然之美。此外，公园内的社交空间设计使得游客可以在这里与家人朋友聚会，增加了社交互动的机会（见图 1-73～图 1-76）。

图 1-71　哥本哈根自行车道　　　　　图 1-72　哥本哈根步行街　　　　　　　图 1-73　日内瓦湖（1）

　　　　　　　第 1 章　景观设计原理 ◆

图 1-74　日内瓦湖（2）

图 1-75　日内瓦湖（3）

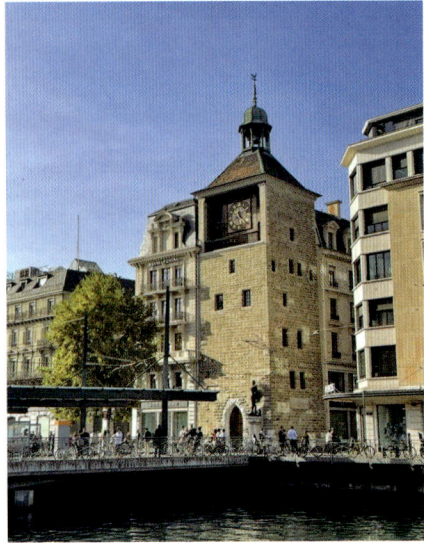

图 1-76　日内瓦湖（4）

1.4　总结

　　本章探讨了景观的定义及其构成，强调自然与人工元素的融合，以及自然景观与人工景观的重要性。同时，分析了园林的演变过程，突出了生态与人文的结合，以及园林在景观中的核心地位，体现了人与自然的互动和文化历史的承载。在深入探讨景观设计的三要素时，强调了综合考虑自然与人工、生态与美观、人文与心理的重要性。景观环境形象设计不仅需要创造美观的视觉效果，还要传达文化内涵和情感体验；环境生态绿化则关注生态平衡与可持续发展，通过合理的植物配置改善生态环境；理解大众行为心理则旨在创造符合人们需求的空间，提升参与感与满意度。综上所述，成功的景观设计不仅能提升生活质量，还能为可持续发展奠定基础，并为现代城市规划提供重要的参考价值。

课件

第2章 景观要素的设计 方法

在现代景观设计中，景观要素的设计方法扮演着至关重要的角色。这些要素不仅构成了景观的基本框架，也深刻影响着人们的视觉感受和情感体验。随着城市化进程的加快和生态环境保护意识的增强，如何科学合理地规划和设计景观要素已成为设计师面临的重要挑战。

景观要素包括地形、植物、水体、建筑、构筑物、铺装等，它们在空间中的布局、形态及色彩的运用直接关系到景观的整体效果。有效的设计方法应兼顾美学、功能和可持续性，既要考虑使用者的需求，也要尊重自然生态的规律。在这一过程中，设计师需要灵活运用多种设计理论与方法，结合地方文化、气候条件及土地特征，创造出既具有视觉吸引力又具备生态价值的景观环境。

或道路上的材质变化等）。地形不仅影响区域的美学特征和空间感受，还关系到景观、排水、小气候和土地的使用，展现出其在自然要素中的支配作用（见图 2-1～图 2-4）。

图 2-1　大地形结合微地形设计

2.1　地形

2.1.1　概要

景观设计师运用自然设计要素来打造室外空间，以满足人们的需求，其中，地形是最重要和最常用的要素。地形分为三种：大地形（如山谷、高山、丘陵、草原和平原等）、小地形（如土丘、台地、斜坡和平地等）和微地形（如沙丘的细微起伏

图 2-2　小地形

图 2-3　微地形

图 2-4　微地形营造

2.1.2　类型

1. 平坦地形

平坦地形是指土地基面在视觉上与水平面平行，给人开阔、舒适和踏实的感觉。其主要功能是为人们提供站立、聚会或坐卧休息的场所（见图 2-5、图 2-6）。

图 2-5　三万平方米大草坪：露营基地

图 2-6　中央公园：大草坪

2. 凸地形

凸地形表现为土丘、丘陵、山峦和小山峰，给人一种动态和进行感，象征着与重力的对抗，代表权力和力量。其功能在于作为景观中的焦点和支配性要素。在温带大陆性气候下，冬季南坡和东南坡受到阳光直射，而北坡几乎没有直接阳光，不适宜大规模开发。此外，夏季风向主要是东南，冬季风向则是西北（见图 2-7、图 2-8）。

凸地形在景观中可作为焦点物和具有支配地位的要素

图 2-7　凸地形
图片来源：《风景园林设计要素》

提供视野的外向性

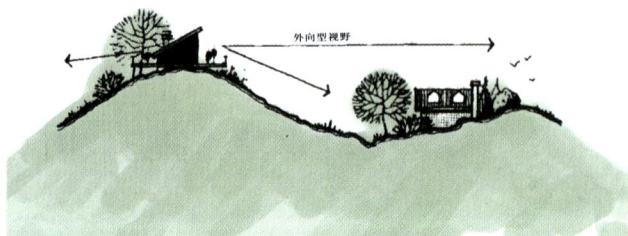

图 2-8　凸地形
图片来源：《风景园林设计要素》

3. 山脊

山脊是一种与凸面地形相似的地形，具有导向性和动态视觉感。其主要功能是引导视线并充当空间的分隔物，可以分为主脊、副脊、波状脊等类型。龙脊则是带有文化象征的山脊形式，通常呈波状或弯曲形，代表自然与天地的脊梁。虽然龙脊属于山脊的一种特殊类型，但因其独特形态和文化内涵，常在景观设计中具有重要的视觉和象征意义（见图2-9、图2-10）。

图 2-9　山脊

图 2-10　龙脊

4. 凹地形

凹地形在景观中呈现为碗状洼地，代表着一种独特的空间体验。它带来孤独感和私密感，功能上则是提供一个内向性、不受外界干扰的空间，使处于其中的人能够集中注意力于其中心或底层。凹地形的形成主要有两种方式：一是通过挖掘机挖掘局部泥土形成，二是两片凸地形并排而成（见图2-11、图2-12）。

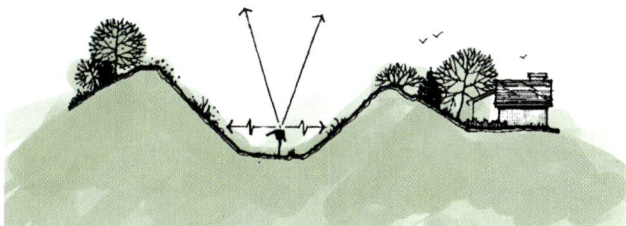
地形的边界封闭了视线，形成孤立感和私密感
图 2-11　凹地形（1）
图片来源：《风景园林设计要素》

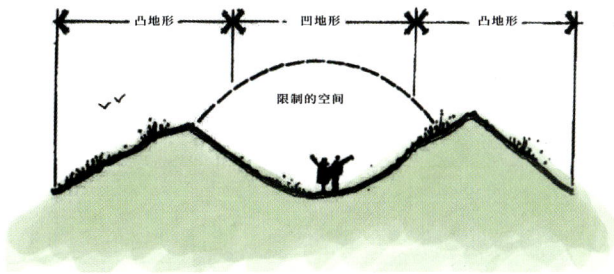
图 2-12　凹地形（2）
图片来源：《风景园林设计要素》

5. 谷地

谷地结合了凹面地形和背地地形的特点，呈现出有方向性的形态。背地地形指位于高地或山脊后方的隐蔽区域，具有保护性和隐私性，通常较少暴露于外界视野，营造出一个封闭且安全的空间。谷地的形成主要通过局部泥土的挖掘或两片凸地形的并排组合，能够提供一个内向性、孤立且不受干扰的环境，使处于其中的人能集中注意力于中心或底层。谷地的形成主要通过两种方式：一是局部泥土的挖掘，二是两片凸地形的并排组合（见图2-13～图2-16）。

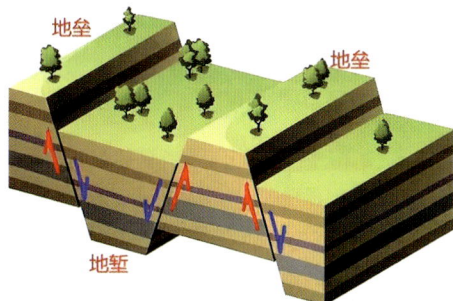

图 2-13　地堑（渭河谷地）

图 2-14　新疆夏塔：冰川 U 形谷

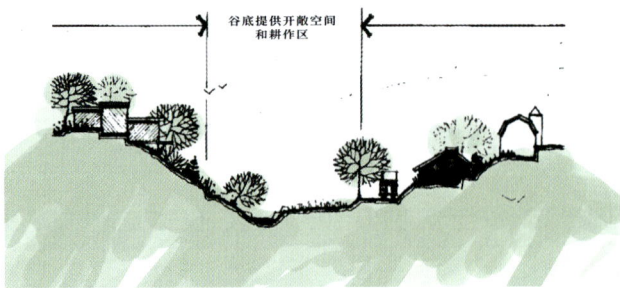

图 2-15 谷地
图片来源:《风景园林设计要素》

图 2-16 英格兰:约克郡谷地国家公园

2.1.3 地形的实用功能

地形在景观设计和规划中扮演着至关重要的角色,其实用功能不仅仅体现在土地的使用与开发上,还直接影响空间的感知与组织。通过对底面区域、坡面和地平天际线的理解,我们可以深入探讨地形塑造空间感的三个关键因素,并进一步认识这些因素是如何相互作用影响整体空间体验的。

(1)底面区域。指的是空间的底部或基础平面,通常表示"可适用范围"。一般而言,底面范围越大,空间也越广阔。

(2)坡面。在外部空间中,坡面如同一堵墙,承担着垂直平面的功能,坡度的陡峭程度与空间的界限密切相关,斜坡越陡,空间的轮廓也越明显。

(3)地平天际线。代表可视高度与天空的交界,作为斜坡的上层边缘或空间边缘。地平轮廓线、观察者的位置、高度及距离都会影响空间的视野和可见的界限,这些界限内的可视区域称为"视野圈"(见图 2-17、图 2-18)。

地形具体的实用功能可分为分隔空间、制约走向、控制视线、强调、断续观察/渐次显示、影响导游路线和速度、优化小气候、地形的美学功能。

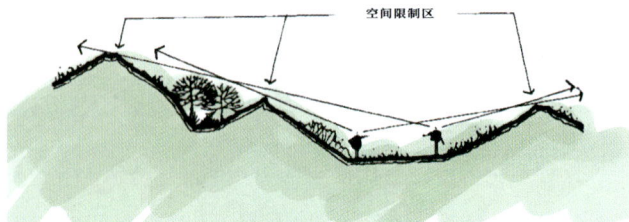

图 2-17 空间感和其限制变化随着人们的位置的变化而变化
图片来源:《风景园林设计要素》

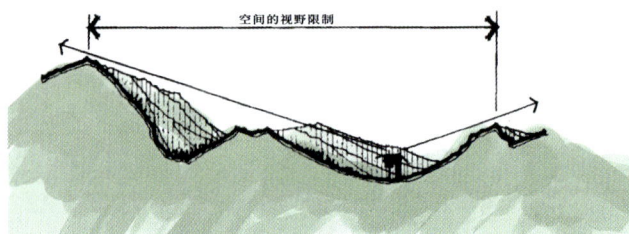

图 2-18 地平轮廓线对空间的限制
图片来源:《风景园林设计要素》

(1)分隔空间:地形能够通过多种方式创造和限制外部空间。在任何限定的空间内,封闭程度取决于视野区域的大小、坡度和天际线这三种因素的综合作用(见图 2-19)。具体而言,视域通常在水平视线的上夹角 40-60° 和下夹角 20° 之间变化。当谷底面积、坡度和天际线这三个可变因素的比例达到或超过 45°(即长和高为 1:1),视域会完全封闭(见图 2-20)。而当这三个因素的比例小于 18° 时,封闭感则会显著减弱,甚至消失。

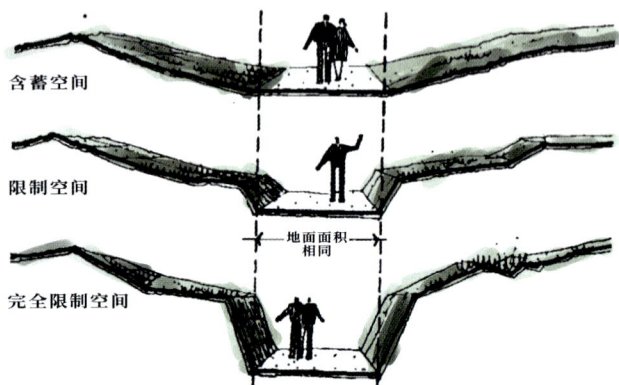

图 2-19 分割空间
图片来源:《风景园林设计要素》

当视场为45°时空间具有封闭感

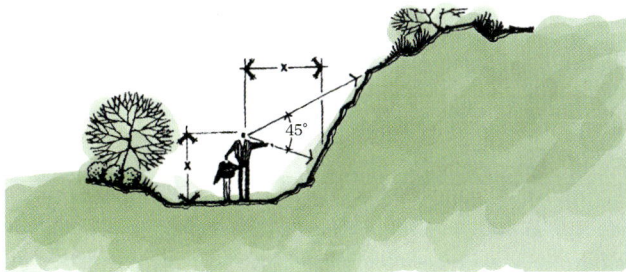

图 2-20　封闭空间
图片来源：《风景园林设计要素》

（2）制约走向。一个空间的整体走向通常朝向开阔视野。当一侧为高地，另一侧为低地时，空间会自然朝向更低且更开阔的一方，背离高地。

（3）控制视线。地形可以通过多种方式创造和限制空间。人们的视线往往沿着最小阻力的方向进入开阔空间。为了使视线聚焦在特定焦点上，可以在视线的一侧或两侧提升地形。此时，视线两侧的高地如同屏障，封锁了分散注意力的因素，帮助人们集中注意力在目标上（见图 2-21）。

图 2-21　控制视线
图片来源：《风景园林设计要素》

（4）强调。地形还可用于"强调"或展示特定目标。设置在较高位置的目标，人即使远离它也容易注意到它。坡度越陡，越能有效阻挡和吸引视线（见图 2-22）。

（5）断续观察/渐次显示。通过交替展现和遮挡目标来增加观察者的期待感和好奇心。当观察者仅能看到景物的一部分时，会促使他们想要进一步探索，直到看到景物的全貌。设计师可以利用这一手法创造连续变化的景观，引导人们移动（见图 2-23）。

（6）影响导游路线和速度。在平坦的地形上，人们步伐稳健，运行的节奏快。随着地面坡度的增加，或者更多障碍物的出现，人们的运行节奏将减慢（步行道的坡度不宜超过 10°）（见图 2-24）。

图 2-22　强调

土山部分地障，遮住了吸引人的景物

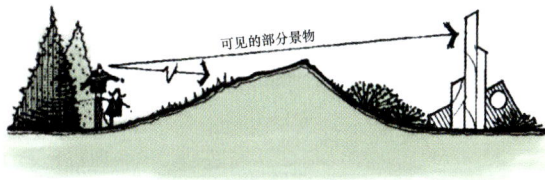

图 2-23　断续观察
图片来源：《风景园林设计要素》

（7）优化小气候。在采光方面，为了确保某个区域能够接受阳光的直接照射，该区域应选择朝南的坡向；从风的角度来看，凸起的地形、山脊或小土丘等地形特征能够有效阻挡冬季寒风向特定区域的侵袭（见图 2-25）。

图 2-24　影响导游路线和　　图 2-25　挡风山谷：改善小
　　　　　　速度　　　　　　　　　　　　　气候

（8）地形的美学功能。地形的美学功能可以通过大地艺术、地形塑造和大地作品展现（见图 2-26～图 2-28）。

图 2-26　大地艺术景观公园设计　　图 2-27　马岩松新作：颐和园边上的大地景观　　　图 2-28　地形塑造

2.2　植物材料

2.2.1　概要

在室外环境的布局与设计中，植物是另一种极其重要的素材。设计师主要利用地形、植物和建筑物来组织空间和解决问题。园林师与园艺师或者植物栽培专家不同，园林师只需要掌握植物的尺度、形态、色彩和质地，了解植物的生态习性和栽培方法。不需要掌握植物的细节，例如芽痕的形状、叶柄的大小或者叶片的锯齿状等。

▶详细植物材料：附录 1

2.2.2　植物的功能作用

植物的功能通常包括建造功能、环境功能和观赏功能。

1. 植物的建造功能

植物的建造功能是指植物能够在景观中遮挡不美观的物体，起到护坡的作用，在景观中提供导向，协调建筑物的布局性，等等。其对室外环境的总体布局和室外空间的形成非常重要，在设计中要先考虑植物的建造功能，在确定了建造功能后才考虑其观赏特性。

2. 植物的环境功能

植物的环境功能是指植物能改善空气质量，能够防止水土流失、涵养水源，并调节气候。

（1）构成空间。由地面、垂直面和顶面单独或组合形成的具有实际或隐含意义的围合空间（见图 2-29）。

（2）开敞空间。仅用低矮灌木和地被植物作为空间的边界，此类空间四周开放、外向、无隐秘感，完全暴露于天空和阳光下（见图 2-30）。

（3）半开敞空间。半开敞空间与开敞空间类

图 2-29　植物的环境功能：
构成空间

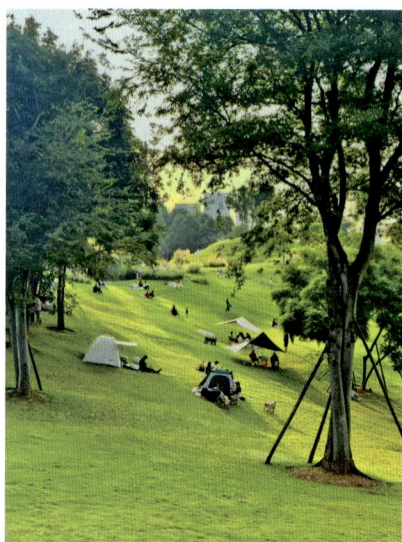

图 2-30　植物的环境功能：
开敞空间

似，但其一面或多面被高植物部分封闭，限制视线穿透（见图 2-31）。

（4）覆盖空间。通过树冠浓密的遮阴树构成顶部遮盖而两周开放的空间，形成强烈的垂直尺度感（见图 2-32）。

（5）完全封闭空间。完全封闭空间与覆盖空间相似，最大区别在于完全封闭空间被中小型植物封闭得更加严密（见图 2-33）。

（6）垂直空间。运用高细植物创造一个方向直立、朝天开放的室外空间。

利用植物材料作为空间的限制因素，可以建造多种不同类型的空间（见图 2-34）。植物不仅可以创造具有特色的空间，还能构成相互关联的空间秩序，像门和墙一样，引导游客穿行其中。植物能够"缩小"和"扩大"空间，形成复杂的空间秩序。可利用植物调节空间范围内的各个方面，创造出丰富多彩的空间结构（见图 2-35、图 2-36）。

（7）障景。植物材料如同立体屏障，能控制视线，将美景尽收眼底。使用不透光的植物可完全阻挡视线，而不同通透度的植物则可以实现漏景效果（见图 2-37）。这种效果常常通过合理安排植物的密度和类型来实现，体现了遮挡与透过之间的平衡。

（8）控制私密性。利用遮挡视线的植物围合特定区域，以达到私密性目的，使空间与周围环境完全隔离。植物高度超过 2m 时，私密感最强；齐胸高的植物则提供部分私密感（见图 2-38）。

3.植物的观赏功能

（1）植物的大小。植物的大小是其最重要的观赏特性之一。植物的尺寸直接影响空间的范围、结构的关系，以及设计的理念与布局。观赏植物的特征与设计的多样性和统一性、视觉与情感体验，以及室外环境的氛围或情绪密切相关。

图 2-31　植物的环境功能：半开敞空间

图 2-32　植物的环境功能：覆盖空间

图 2-33　植物的环境功能：完全
封闭空间

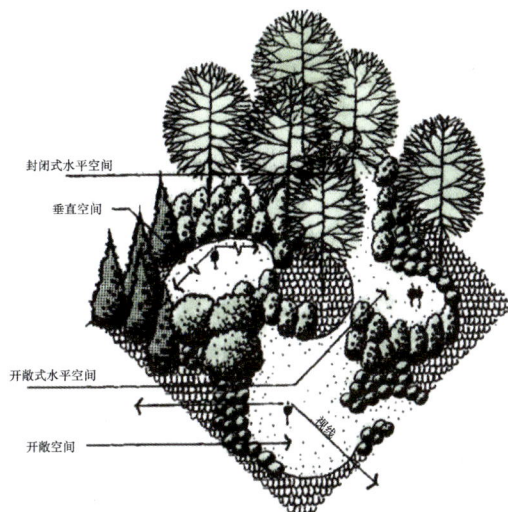

封闭式水平空间
垂直空间
开敞式水平空间
开敞空间

图 2-34　混合式空间
图片来源：《风景园林设计要素》

图 2-35　植物的作用

植物减弱和消除由地形所构成的空间。

植物增强由地形构成的空间

图 2-36　植物的作用

图片来源：《风景园林设计要素》

图 2-37　拙政园：障景

图 2-38　控制私密性

图片来源：《风景园林设计要素》

　　植物按照大小标准可以分为六种类型。

　　①大中型乔木。大乔木的高度在成熟期可以超过 12m，中乔木的最大高度可达 9～12m。

　　大中型乔木的高度和面积使其成为显著的观赏因素，也可以充当视线的焦点（见图 2-39～图 2-42）。

　　树冠离地面 3～4.5m 高时，空间显得更加亲切和宜人，给人一种温暖、亲近的感觉，容易激发人与环境的互动，展现出一种"人情味"。而当树冠离地面 12～15m 时，空间则显得更加开阔和高大，给人一种壮丽、宏伟的感受，同时也提供了更加广阔的荫凉区域。

大乔木能在小花园空间中作主景树。

图 2-39　大乔木：点景树（1）

图片来源：《风景园林设计要素》

显著的观赏因素，可以充当视线的焦点。

图 2-40　大乔木：点景树（2）

图片来源：《风景园林设计要素》

图 2-41　大乔木：点景树（3）

图 2-42　大乔木：点景树（4）

林荫处的气温比空旷地低4.5℃，薄型楼房被遮蔽时，室内温度比室外温度低11℃。为了达到最大的遮阴效果，树木应种在空间和建筑物的西南侧、西侧或西北侧。

②小乔木和装饰植物。最大高度为4.5~6m的植物为小乔木和装饰植物。小乔木和装饰植物适用于有面积限制的小空间，也可作为焦点和构图中心（见图2-43~图2-46）。

③高灌木。其最大高度为3~4.5m。与小乔木相比，灌木不仅矮小，而且其最明显的特征是缺乏树冠。一般来说，灌木的叶丛几乎贴地生长，而小乔木则有一定的高度，从而能够形成树冠或林荫。高灌木的作用包括构建围墙、视线屏障和进行私密控制，以及作为构图的焦点和背景（见图2-47~图2-51）。

④中灌木。指高度在1~2m的灌木。这些植物的叶丛通常贴近地面或略高于地面。中灌木在构图中起到高灌木或小乔木与矮灌木之间的视线过渡作用。

⑤矮小灌木。成熟的矮灌木最高仅1m。最低高度必须在30cm以上，低于30cm则被看作地被植物（见图2-52）。

⑥地被植物。是指所有低矮、爬蔓的植物，其高度不超过30cm。（见图2-53、图2-54）。

（2）植物的外形。指植物整体形态的外部轮廓。植物的外形在构图和布局中能对统一性与多样性产生重要影响。基本类型包括纺锤形、圆柱形、展开形、圆球形、尖塔形、垂枝形及特殊形（见图2-55~图2-61）。

（3）植物的色彩。植物色彩可以被视为情感的象征，因为它能直接影响户外空间的气氛和情感。鲜艳的颜色营造出轻快、欢乐的氛围，而深暗的色彩则带来沉闷的感觉（见图2-62、图2-63）。

（4）树叶的类型。树叶的类型包括形状和持续性。基本类型有三种：落叶型、针叶常绿型和阔叶常绿型。

图2-43　小乔木

图2-44　小乔木：特选紫薇

图2-45　北海道黄杨

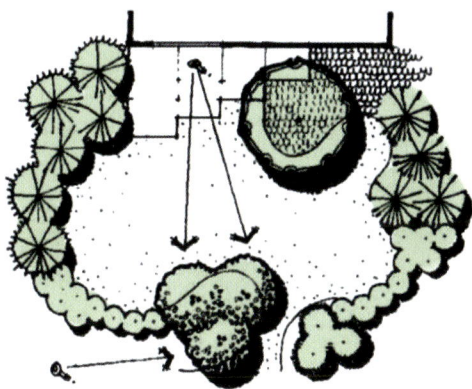

在庭院式空间中作为主景和作为出入口标志的观赏植物。

图2-46　小乔木：点景树

图片来源：《风景园林设计要素》

围墙：高灌木像一堵堵围墙，能在垂直面上构成闭合空间

图2-47　高灌木

图片来源：《风景园林设计要素》

图 2-48　高灌木景观

作为视线屏障和进行私密控制：高灌木可以充当障景物，并将人们的视线引向景观中的观赏目标

图 2-49　高灌木

图片来源：《风景园林设计要素》

图 2-50　高灌木景观

高灌木作为突出主景物的背景

图 2-51　高灌木

图片来源：《风景园林设计要素》

图 2-52　矮小灌木

图 2-53　地被植物：玉龙草

图 2-54　地被植物：佛甲草

落叶型植物在秋季落叶，春季再生新叶，最显著的功能是强调季节变化；它们能让阳光透过叶丛，相互辉映，产生光叶闪烁的效果，冬季枝干凋零后呈现独特形象（见图 2-64～图 2-67）。

针叶常绿植物的叶片常年不落，颜色通常比其他植物更深。在设计时，应将常绿针叶植物群植于不同地方，避免分散，以免布局混乱（见图 2-68～图 2-71）。

图 2-55　纺锤形：水杉

图 2-56　圆柱形：圆柏

图 2-57　展开形：乌桕树

图 2-58　圆球形：金桂树

图 2-59　尖塔形：雪松

图 2-60　垂枝形：垂柳

图 2-61　特殊形：对节白蜡

图 2-62　黄栌花开

图 2-63　黄栌树

图 2-64　梧桐落叶

图 2-65　银杏树落叶

图 2-66　落叶型植物标本（1）

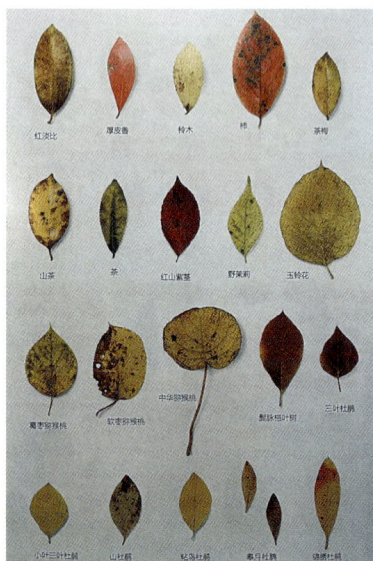

图 2-67　落叶型植物标本（2）

图 2-68　白皮松

图 2-69　黑松

图 2-70　雪松

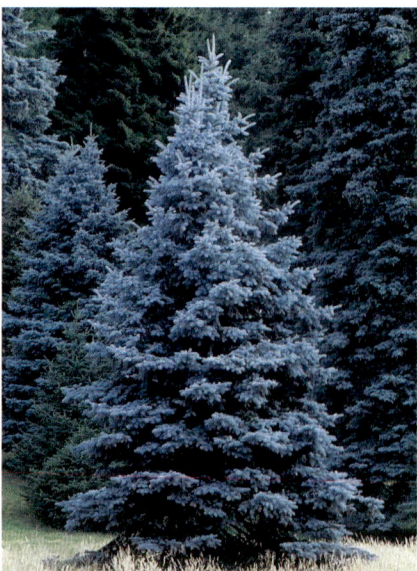

图 2-71　蓝针叶树：蓝杉

阔叶常绿树的叶形与落叶植物相似，但叶片全年保持常绿不凋落，具有反光特性，阳光下显得特别明亮，其潜在用途是为开放空间带来耀眼的光泽，使布局在阳光下显得轻快而通透（见图 2-72、图 2-73）。

（5）植物的质地。指单株或群体植物的直观粗糙感与光滑感，受叶片大小、枝条长短、树皮形状、综合生长习性及观赏距离等因素影响。粗壮型植物通常具有大叶片、浓密粗壮的枝干和松散的生长习性的特征，因其较容易被注意到，可作为设计中的焦点（见图2-74）。中粗型植物则具有中等大小的叶片和枝干，密度适中，透光性较差，轮廓清晰，因其数量众多，通常在植被中占主要比例。细小型植物则拥有许多小叶片和脆弱的小枝，整齐且密集，在布局中通常被最后注意到。

2.2.3 植物的美学功能

植物在景观设计中具有重要的美学功能，首先植物可以通过色彩、形态和纹理等因素增添视觉美感，营造四季变化和丰富的层次感。植物的高度、形态和密度不仅能划分空间，增强空间的层次感和立体感，还能协调房屋与周围环境的统一性，突出景观中的焦点和分区，减弱构筑物的粗糙感，限制视线。此外，植物的自然美使得景观与环境相融

合，体现生态美和文化深度，同时赋予景观活力与动感，创造特定的氛围，调动观者情感。植物的修剪和布局可以增添装饰性和艺术感，而光影效果通过不同形态的植被在阳光下投射斑驳光影，可以丰富空间表现力。因此，植物不仅是景观的美化元素，更在设计中起到了整合环境、提升氛围和空间感的关键作用，丰富了人们的感官体验和心理感受。以下是植物重要的美学功能。

（1）完善功能。植物以再现建筑的形状和块面或将建筑轮廓延伸至周围环境的方式，来增强设计的一致性和完整性（见图2-75）。

（2）统一功能。植物的统一作用在于作为一条视觉上的纽带，将环境中各个不同元素相互连接（见图2-76）。

（3）强调功能。植物能够在户外环境中凸显或强调某些特定的景观（见图2-77）。

图2-72　阔叶常绿树：香樟树

图2-73　阔叶常绿树：广玉兰树

图2-74　纺锤树

一个房屋的角度和高度均可以用树木来重现，这些树木具有与房顶的同等高度，或将房顶的坡度延伸融汇在环境中

图2-75　完善作用

图片来源：《风景园林设计要素》

图2-76　统一作用

图片来源：《风景园林设计要素》

图 2-77　强调作用
图片来源：《风景园林设计要素》

图 2-80　框景作用
图片来源：《风景园林设计要素》

（4）识别功能。植物的识别功能在于指示或"识别"空间或环境中特定景物的重要性和位置，使空间更加显著，便于识别和理解（见图 2-78）。

图 2-78　识别作用
图片来源：《风景园林设计要素》

（5）软化功能。植物可以用于户外空间中，以柔化或减轻建筑物的粗糙和僵硬感，增添人情味（见图 2-79）。

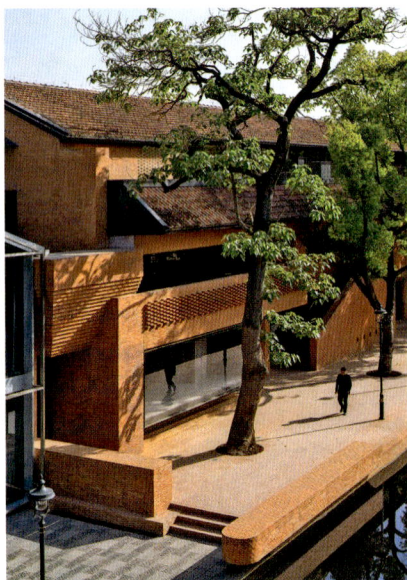

图 2-79　植物软化功能

（6）框景功能。植物用丰富的叶片和枝干将景物两侧包围，提供开阔的视野，从而使观赏者的注意力集中于景物上（见图 2-80）。

2.2.4　种植设计程序与原理

在种植设计中，植物不仅是装饰元素，它们在室外环境的整体设计中起着至关重要的作用。植物能影响空间的氛围，改善空气质量，稳定土壤，调节小气候，甚至在某些情况下有助于减少能源消耗。因此，植物在室外空间设计中被视为一种综合要素，它们应在设计的初期阶段与地形、建筑、铺地材料等元素一同加以分析和研究。

1. 设计步骤

功能分区图。明确设计中不同区域的功能需求，比如休闲区、步行道、观赏区域等。

种植规划图。根据功能分区，选择合适的植物类型，并规划植物的布局。

立面组合图。对立面和植物之间的搭配关系进行规划，使植物布局更加协调和美观。

2. 种植要点

群体设计。植物应以群体的方式进行布置，避免单一植物突兀地出现，除非它作为特殊的标本植物存在。群体植物设计可以增强整体效果并创造自然感。

单体植物设计。当必须使用单体植物时，应确保其成熟度在 75%～100%。单体植物的排列需遵循"奇数原则"，即植物数量应该是奇数，这样能够避免视觉上的对称性和分割感。

植物排列的重叠与层次感。在设计中，单体植物之间可以略有重叠，使它们形成自然过渡，避免过于分散或空旷。

清除"废空间"。植物之间的空隙应该彻底消除。因为这些空隙不仅会破坏设计的美观，还可能导致视觉上的杂乱无章。

植物与铺地材料的协调。植物和铺地材料的设计要相辅相成，植物的组合应与铺地材料的边缘自然呼应，形成和谐的整体设计（见图2-81）。

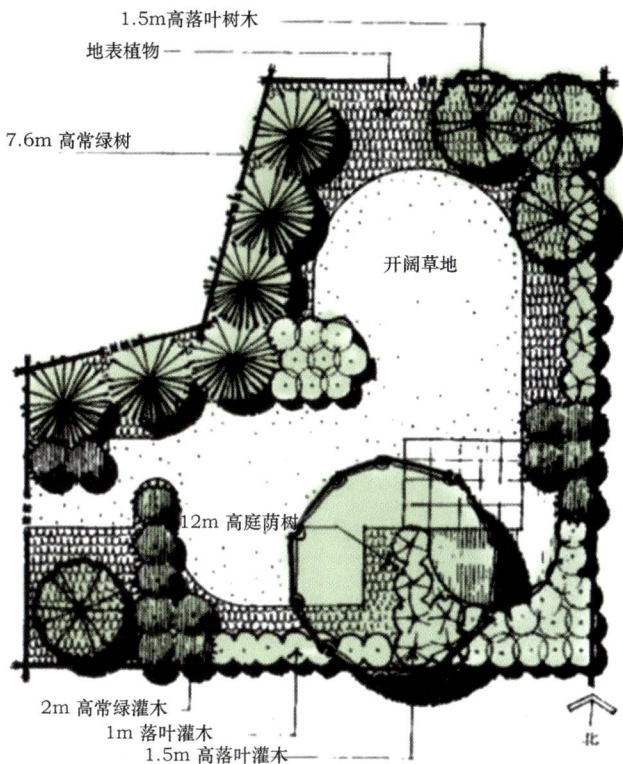

图 2-81 总体平面图

图片来源：《风景园林设计要素》

植物在室外设计中不仅仅起装饰作用。它们是活跃空间的基本要素，可以提升空间的功能性与美学感受。在设计过程中，植物的选用、布置与组合需要综合考虑多方面因素，合理应用设计原理，才能打造出既实用又富有艺术感的户外空间。

课堂小练习

设计范围：60m × 40m

设计方向：口袋公园（见图2-82）

参考方案：扫描二维码，查看完整的设计案例分享——胶州市枫韵港湾小区口袋公园设计方案+施工图。

设计要求

空间布局。 在60m × 40m的设计范围内，合理规划口袋公园的各个功能区，包括休闲区、活动区和绿化区。确保双向道路的设计，方便行人和非机动交通工具的流动，且道路宽度应符合通行需求。

图 2-82 街角口袋公园

植物配置。

大乔木：选择适合当地气候的高大乔木，提供荫蔽和视觉焦点，如银杏、榉树等。

小乔木：在主要路径旁或休闲区种植小乔木，增加层次感和生物多样性，推荐樱花、紫叶李等。

灌木：用于边界和绿化带的设计，选择常绿灌木如冬青、红叶石楠，增强四季的绿意。

草本植物：搭配四季常绿的草本植物，增加色彩和活力，建议使用不同种类的地被植物和花卉，如石竹、紫罗兰等。

景观小品。 在公园内设置适量的座椅、健身器材、儿童游乐设施等，增强使用者的互动体验。可以考虑增设步道、凉亭或水景，提升景观的吸引力和实用性。

生态考虑。 设计时应考虑雨水管理，设置透水性材料，利用植被覆盖减少径流。

鼓励生态多样性，设计动物栖息地以吸引鸟类和其他生物。

社区参与。 考虑如何通过设计促进社区参与度，比如设置共享花园或社区活动空间，让居民积极参与公园的维护与使用。

设计目标。 通过本次练习，学生将学习如何在有限空间内有效布局和配置植物，提升空间利用率，同时培养生态意识和社区归属感，为城市生活增添绿色与活力。

2.3 建筑物

2.3.1 概要

建筑物，无论是单体还是群体，都是继地形和植物素材之后，第三个重要的室外环境设计要素。建筑物能够形成并限制室外空间，影响视线，改善小气候，同时对邻近景观的功能结构产生影响。

在涉及建筑物及其周围环境关系时，一般有以下三种情况。

（1）在一个区域内，建筑的群体和位置的安排（住房建筑、大学校园、城市中心的发展、办公商业综合建筑等）（见图2-83～图2-86）。

（2）在某一场所一单体特殊建筑的安置（独栋住宅、教堂、银行等）（见图2-87～图2-89）。

（3）翻修或改善原有建筑物和环境（见图2-90）。

如何合理地处置以上情况呢？

对于第一种情况，考虑的是建筑的位置是否正确，与原有构筑物和自然环境是否协调；第二种情况在安置个别建筑物时，一般偏重于建筑物本身及周围环境。单体建筑物要么作为所在环境中醒目的视线焦点，要么作为融汇于其背景中的统一因素；第三种情况主要目的是更新或改变旧貌，以便满足不同的需要，使新的设计比原有的环境更为理想和适用。

2.3.2 建筑群体和空间限制

单体建筑物本身无法形成空间，只有在建筑物群体有组织地聚集时，建筑物之间的空隙才会形成

图 2-83　旭辉锦官天樾

图 2-84　上海陆家嘴

图 2-85　四川大学江安校区图书馆

图 2-86　上海利园

图 2-87　上海西郊 1100m² 别墅庭院

图 2-88　藏马山月空礼堂

图 2-89　中国银行大楼

图 2-90　工业遗址改造：文化与商业的结合

明确的室外空间。建筑物的外立面通过限制视线构成垂直面，围合外部空间，若区域四面都有围墙，则形成完全封闭的空间。由建筑物围合的室外空间通常较平直、恒定且缺乏季节性变化，让人感觉生硬和单调。窗户的存在有助于通过光线的变化改变空间给人的感受，白天室外空间的界限通常由建筑物外立面决定，而夜晚则因为室内的灯光，室外空间的界限变得模糊。建筑物的高度、立面特征及其布局共同决定了由其围合的空间类型和给人的感受。

1. 视距与建筑物高度之比

视距与建筑物高度的比例关系对空间围合感和使用体验有重要影响。根据加里·罗比内特的标准，当视距与建筑物高度的比例为1：1时，空间达到全封闭状态，当比例为2：1时，为空间半封闭状态，当比例为3：1时，围合感最小，当比例为4：1时，围合感几乎消失。当建筑物围墙高度超过人的视线范围时，空间围合感最强；当建筑物较低或人远离建筑物时，围合感则几乎消失。此外，约夏诺布·阿什哈拉分析指出，最私密的空间比例在1：3左右，开敞空间比大于6。为了避免过度封闭感，理想的视距与物高比例应在1：3左右。

2. 平面布局

在设计室外空间时，建筑群体的布局直接影响围合感与视线的控制。当建筑物排列成能完全围绕某一空间的方式时，会形成最强的围合感，封锁视线的外泄；通过减少空间空隙（即建筑物之间的空隙）来增强封闭感，重叠建筑物或利用地形、植物等设计元素可以有效减少空隙，从而加强空间的封闭感（见图2-91）。

不规则或直线排列的建筑缺乏围合感，空间成为"负空间"，缺乏焦点或封闭感。但有时也需要设计允许视线外泄，以最大化利用周围环境，如自然景观。

环形排列的建筑可以明确界定空间边界，但缺乏变化性。通过建筑的曲折和变化可以增加空间的动态感，带来神秘感和层次感。

复杂的设计可能导致空间杂乱，失去联系。为了保持空间的整体性，需要避免过度封闭或分

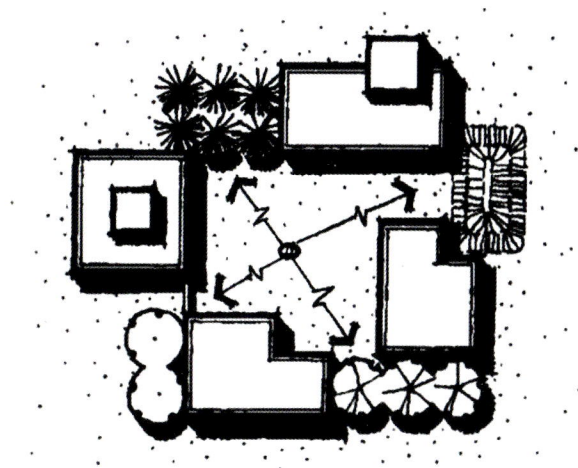

图 2-91 空间空隙可以通过其他的设计要素来弥补

图片来源：《风景园林设计要素》

割。扩大主空间并建立中心点有助于保持流动感与整体性。水平方向的距离对空间感的影响也很大，小距离给人亲密感，大距离则产生宏伟感。

3. 建筑物特征

建筑物的立面特征对空间品质有很大影响。如建筑的色彩、质地、细节和面积等因素决定了空间的氛围。如果建筑外立面粗糙、灰暗、细节欠缺，空间会显得冷漠和难以亲近；而如果外立面设计精美、色彩明快，则空间会显得温馨、友好（见图2-92、图2-93）。使用精致、纤细的材料能使空间轻松明快。建筑物的高度、墙体的虚实变化，以及墙面分割与人体比例的协调也会影响空间的舒适度。此外，反光玻璃立面能够将周围环境反射到建筑上，打破空间的物理边界，创造出虚幻的空间感，使建筑融入景观并产生独特的光影效果。

图 2-92 上海的传统建筑工艺（1）

图 2-93 上海的传统建筑工艺（2）

2.3.3 建筑群体和空间类型

在建筑群体和空间类型的设计中，空间不仅仅是功能性的体现，它们也在视觉、氛围和使用方式上对人们的感知产生影响。不同类型的空间布局能够有效地创造出与建筑环境和谐互动的氛围，从而强化建筑物之间的联系，提升整体的空间体验。下面，我们将深入探讨几种常见的建筑群体和空间类型，通过不同的空间结构与功能安排展现出建筑设计的多样性和灵活性。

（1）中心开敞空间。将建筑物聚拢在与所有群体建筑有关联的中心开敞空间周围（见图2-94）。

图 2-94 雅莹时尚艺术中心

（2）定向开放空间。在某些广场景观中，周围的中心开放空间极其合适（见图2-95）。

（3）直线型空间。这种类型的空间相对较长且狭窄，在一端或两端均设有开口。在美国，大多数

图 2-95 "智栖灵谷，翼展长空"产业园设计

城镇的街道都属于这种类型的空间（见图2-96、图2-97）。

（4）组合线型空间。由建筑群构成的另一种基本带状空间。该类空间与直线型空间的不同之处在于这种空间在拐角处不会中止，而且各个空间时隐时现。

上述四种基本空间类型并非独立存在的。它们互相共存，组成一个更大的空间序列（见图2-98）。

图 2-96 武汉直线型街道

图 2-97 美国纽约直线型街道

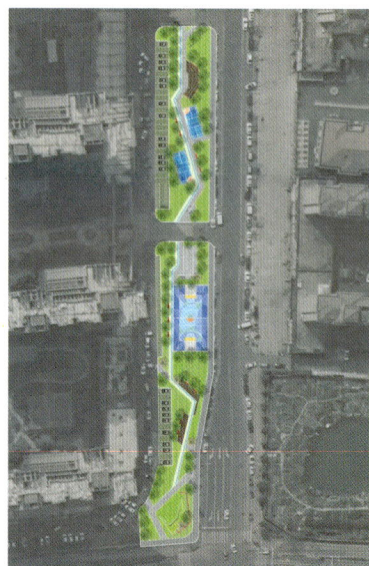

图 2-98 组合线型空间

2.3.4　建筑群体的设计原则

在景观中布置特定的建筑群体需考虑多种因素，包括用地的原有条件、建筑物之间的功能关系、在周围环境中应发挥的作用、室外空间的预期特性，以及设计构图的基本原理等。总的来说，在设计中要确保建筑物的排列井然有序。

1. 平面

获得井然有序的布局最简单、最常见的方法之一是使建筑物之间呈90°角。通过某一建筑物的形状和线条与附近建筑物的形状和线条相结合增强建筑物之间的协作关系。具体实施时，可以沿着某一已知建筑物的边缘向外延伸虚线，使其与相邻建筑物的边缘对齐（见图2-99）。

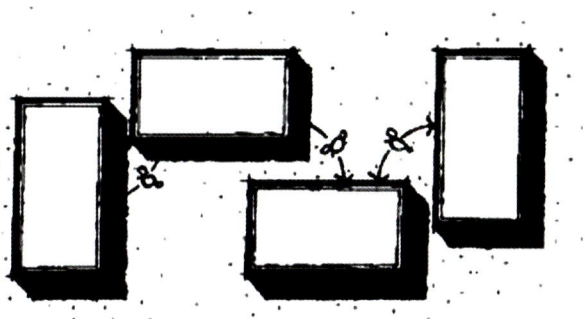

图 2-99　建筑物的整体关系是相互之间成 90° 布置

图片来源：《风景园林设计要素》

2. 立面

一个成功的布局方案必须从立面和平面角度来研究建筑物之间的相互关系。一般较低的建筑被置于布局边缘，而较高的建筑物则被置于布局中心。

2.3.5　单体建筑物的定位

在安置孤立特殊建筑物的过程中，通常采用以下两种基本方法。

（1）将该单体建筑物视作被其周围环境衬托的、纯粹的雕塑品（见图2-100）。

（2）将该单体建筑物看作与周围环境和谐融合的一个组成部分（见图2-101）。

2.3.6　建筑物与环境的关系

在探讨建筑物与环境的关系时，除了建筑物本身的设计和功能外，周围环境的各个因素同样至关

图 2-100　朗香教堂：勒·柯布西耶的现代奇观

图 2-101　范斯沃斯住宅

重要。建筑与自然环境之间的融合不仅仅是形式上的结合，更是功能与美学的平衡。接下来，我们将详细讨论几个关键因素，探索它们如何共同作用使建筑物与其周围环境和谐共生。

（1）地形。在将建筑物与其环境相融合时，通常应考虑地形因素（见图2-102）。

（2）植物材料。在建筑物与周围环境的融合方面，所需要涉及的另一个因素就是植物。建筑物与植物相互配合存在着两种情形：一种是一幢建筑物或一组建筑物与环境中原有植物相结合；另一种是利用种植植物使建筑物与环境协调。

图 2-104　园林仿石砖

图 2-102　阿尔卑斯山景观住宅，彼得·皮希勒
建筑事务所

（3）过渡空间。一种连接建筑物与其环境的方法是在建筑物入口处设置一个过渡空间。过渡空间可以减少室内与室外之间的突变，使进入或离开建筑物的人感受到一个渐进的变化。

（4）围墙。在视觉和功能上用来连接建筑物与其环境（见图 2-103）。

图 2-103　庭院景观：围墙格栅

（5）铺地材料。铺地材料是另一种设计元素，可以用于统一建筑物与其周围环境。靠近建筑物的铺地，其线条轮廓和形状应与建筑物本身固有的轮廓和形状直接相关（见图 2-104）。

2.4　铺装

2.4.1　概要

在大多数室外空间的构成中，总体结构由地形、植物和建筑组成。在这些空间中，铺地材料的使用和组织在提升和限制空间感受方面，以及满足其他使用和美学需求上，都是重要因素。

所谓铺装材料，是指硬质的自然或人造铺地材料。设计师按照特定的形式将其铺设在室外空间的地面上，一方面形成永久的地表，另一方面满足设计要求。

主要的铺装材料包括沙石、砖、瓷砖、条石、水泥、沥青，以及在某些场合中所使用的木材（防腐木）。

详细材料解析：
见附录 2

铺装材料的优缺点：

（1）优点。铺装材料相对较稳定，不易变化；虽然铺装材料比植物铺地贵，但是就长期而言，铺装材料经久耐用，在养护方面比植物铺地便宜（见图 2-105，图 2-106）。

（2）缺点。在阳光下铺装材料的热量散发显著高于植被地表，例如，草地附近的铺装地面温度约比草地高 3℃；水泥路面会反射 55% 的阳光辐射，而草坪仅反射 25%。铺装材料缺乏透水性。不当使用铺装材料会导致室外环境显得单调，缺乏生动的色彩。

2.4.2　铺装材料的功能作用和构图作用

1.可高频率使用

铺装材料最显著的功能在于其耐磨损性，能够长期保护地面免受损害。相较于草坪或地被材料，铺装材料更能承受长期且频繁的踩踏。此外，它不受气候变化的影响，无论是炎热的夏季还是寒冷的冬季，都能稳定使用。而草坪材料不仅无法承受重压，而且不适合在雨天使用。总体而言，铺装材料能满足高频率使用的需求，且维修需求较低（见图2-106）。

2.有导向功能

铺装的另一个重要功能是提供导向。当地面以带状或线型铺设时，可以清晰地指引行走方向。首先，铺装材料通过引导视线，能够将行人或车辆引导到特定的"轨道"上，从一个目标移动到另一个目标（见图2-107）。

需要注意的是，铺装材料的导向功能只有在合理的路径设计下才能发挥作用。如果路径过于弯曲且容易导致人们走"捷径"，则导向作用将减弱。

具体设计方法是：首先在规划图上标示"捷径线"，然后按照这些线进行铺设。

当空间中存在许多"捷径线"时，最理想的做法是将铺装材料铺设成一个较大的广场（见图2-108），既允许更大的自由通行，又提供统一的布局，避免空间过于复杂。在开阔的草地上，过多的步道会导致空间被分割得支离破碎，缺乏整体感。

其次，铺装材料还可以帮助行人穿越不同的空间序列。在一些城市环境中，邻近的空间可能会让初到的人感到陌生，而与周围环境截然不同的带状铺装地面能够有效地连接这些空间，引导行人正确穿越（见图2-109）。

再次，铺装材料的线性铺设会影响游览者的体验。例如，平滑而弯曲的小道会给人一种轻松愉悦的感觉；而有直角转折的小道则显得更为严谨；不规则的转角则可能使人产生不安和紧张的感受（见图2-110）。

3.游览速度和节奏的暗示

铺装材料的形状能够影响人们行走的速度和节奏。比如，宽阔的铺装路面会使人走得更慢。在宽

图 2-105　芝麻灰大理石铺装

图 2-106　特色铺装

图 2-107　铺装的导视作用

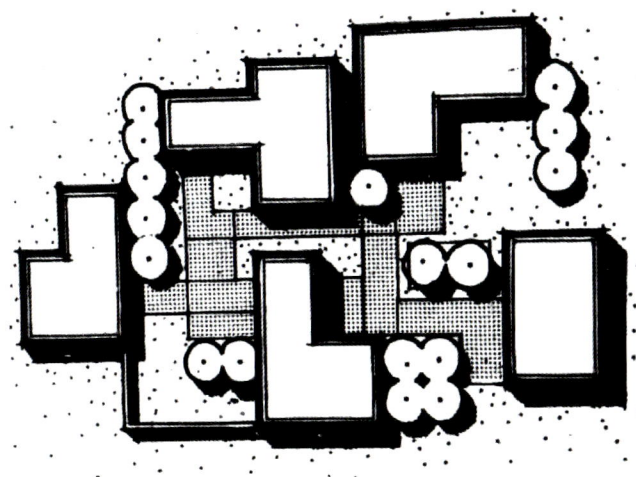

图 2-108　成都万象城

图 2-109　成都万象城

图 2-110　折线道路

第 2 章　景观要素的设计方法

敞的路面上，游客可以随意停下欣赏周围的景观而不干扰其他人，但在狭窄的路面上，行人则必须向前行进，几乎没有停留的机会。这些特点表明，在宽阔路面上使用粗糙的铺装材料会使行走速度减缓，而在狭窄路面上使用平坦光滑的材料则更有利于快速通行（见图2-111）。

4.提供休息空间

首先，铺装地面能营造出一种静止的休息感。当铺装地面呈现面积相对较大且无方向性时，会营造出一种静态的停留感。这种无方向性和稳定性常常用于道路的休息点或景观中的交会区域（见图2-112）。

其次，创造休息空间时，铺装材料和造型会对空间感产生影响。

再次，在无方向性的环境中，不同的铺装材料能够增强空间的感受（见图2-113～图2-114）。

5.表明地面用途

首先，如前所述，铺装材料的变化能够帮助行人识别和区分运动、休息等不同空间。如果再改变铺装材料的颜色、质地或组合方式，那么空间的用途和活动的区别将更加清晰（见图2-115）。

其次，在明确地面使用功能方面，铺装材料的一个具体应用是提醒人们注意潜在的危险。例如，斑马线的颜色与其他地面不同，能够提醒行人注意来往车辆，并提示车辆减速（见图2-116）。在新英格兰的一些乡村，人行横道通常用较大且光滑的花岗岩石板标示，比用普通油漆标示更容易引起注意（见图2-117）。

图2-111　游览的速度和特性受铺装路面宽窄的影响

图2-112　口袋公园中心铺装

图2-113　铺装图案暗示着方向性和动态感

图2-114　铺装图案无方向性而呈静止状态

图2-115　不同的铺装材料表示室外的不同功能

图2-116　东京涩谷十字路口

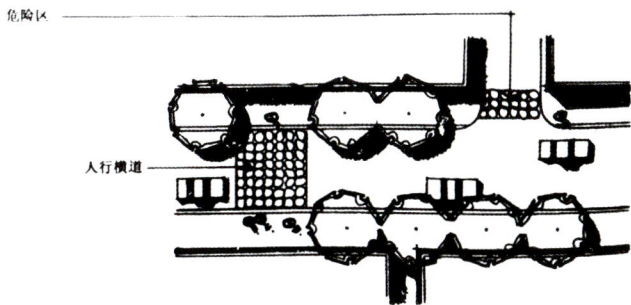

图 2-117　在街道和步行道用铺装的变化提醒人们注意

图片来源:《风景园林设计要素》

6. 影响空间比例

首先，在外部空间中，铺装地面会影响空间的比例。每块铺料的大小、形状和间距的不同都会改变铺面的视觉效果。较大的、展开的形状会使空间显得更为宽敞，而较小的、紧凑的形状则会使空间显得更为紧密（见图 2-118）。其次，在大面积的混凝土或沥青路面中加入不同类型的铺装材料可以有效地分割空间，形成一个副空间（见图 2-119）。

7. 统一视觉效果

在城市环境中，铺装地面能够将复杂的建筑群及其相关的室外空间从视觉上进行统一（见图 2-120）。

8. 提供背景作用

在景观设计中，铺装地面还可以作为其他引人注目的景物的中性背景。在这种作用下，铺装地面就像一张空白的画布，为其他焦点物的布局和摆放提供背景。

9. 塑造空间个性

不同的铺装材料和图案能够形成各具特色的空间感。例如，方砖能带给空间温暖亲切的氛围，而有棱角的石板则让人感到轻松自在。因此，在设计时，应根据情感所需有目的地选择铺装材料。

10. 创造视觉趣味

铺装地面在景观中最后的一个作用就是创造趣味性。铺地的材料和造型不仅仅满足实用和欣赏功能，其独特的铺装图案还可以体现强烈的地方色彩，例如地域性（见图 2-121）。

图 2-118　紧密铺装形式

图 2-119　沥青铺装分割空间

图 2-120　梅溪湖国际文化艺术中心

图 2-121　跃动的曲线

　　第 2 章　景观要素的设计方法

2.4.3　铺装的设计原则

在景观设计中使用铺装材料时，应遵循一定的设计原则。在材料选择方面，必须考虑整体设计的目标，并合理地运用这些材料。

（1）铺装材料的统一性与多样性原则。首先，铺装材料繁多或图案过于复杂容易导致视觉上的混乱。在设计中，至少应有一种铺装材料作为主导，以便与其他附属材料形成明显的对比和变化（见图2-122）。

其次，一种铺装的形状和线条应延伸至相邻的铺装区域。同时，建筑物的边缘和轮廓也应与周围的铺装相协调，从而实现视觉上的连贯性（见图2-123）。

图 2-122　折线景观铺装　图 2-123　构筑物与铺装相呼应

（2）相邻铺装材料与形式的统一性。在景观中使用铺装地面时，另一个原则是，在没有特殊目的的情况下，不应随意更改相邻区域的铺装材料和形式。如果的确需要更改铺装材料和形式，则需考虑以下两点。

①在同一平面上，铺装材料和铺装形式应保持一致。换句话说，如果相邻的两个空间内铺装材料和铺装形式不同，则应通过水平高度的变化区分和分隔这两种不同的铺装地面（见图2-124）。

②如果无法通过高度变化分隔两种不同的铺装地面，则应在两者之间使用一种视觉上为中性效果的材料（见图2-125）。

2.4.4　基本的铺装材料

在景观设计中，铺装材料的选择至关重要，它

不仅影响空间的美观性和功能性，还影响使用的舒适度和耐久性。随着技术的进步和人们环保意识的增强，市场上出现了许多新型铺装材料，以适应不同的设计需求。铺装材料大体可以分为以下三类。

1. 松软铺装材料

松软铺装材料通常用于提供有柔软感的表面，这些材料具有良好的透水性，能够帮助雨水渗透地下，减少地表径流。常见的松软铺装材料包括砂砾、碎石、草皮砖等。这些材料多用于步道、花园小径及低流量的休闲区。它们可以提供自然、质朴的外观，且易于维护。例如，砂砾在不规则地面上使用时，可以呈现出更加自然的效果，非常适合乡村风格或生态景观的设计。

2. 块料铺装材料

块料铺装材料包括石砖、瓷砖、条石、天然石材、陶瓷砖等。这些材料以其较高的强度和耐久性被广泛应用于各种景观空间，尤其是那些承载较大交通流量的区域。块料的铺装不仅能提供坚固的表面，还能够根据材质、颜色和形态变化，创造丰富的视觉效果。石砖和条石等材料常用于铺设庭院、广场、商业街区和人行道等区域，其稳定性和持久性使其在大多数城市景观设计中占据重要地位。

3. 黏性铺装材料

黏性铺装材料如水泥、沥青、混凝土等，通常用于需要高度平整和耐久性的区域。水泥和沥青的铺设具有很好的负载承载力，适合用于城市道路、停车场、广场等大流量的地方。这些材料表面光滑，便于行人和车辆通行，但相较于其他类型的铺装，透水性较差，可能需要额外的排水设计。混凝土和沥青铺装的优势在于其施工速度快、成本相对较低，并且可塑

图 2-124　景观台阶铺装变化　图 2-125　在两种极不协调的材料之间加上天然石材

性强，可以根据不同的需求进行多种处理，如刻纹、着色或装饰图案。

在实际应用中，这些铺装材料常常不孤立使用，而需要根据不同的功能需求和美学效果进行搭配。例如，在城市公园中，步行道应该使用松软的铺装材料，而广场则应该选择块料或黏性材料以应对更高的使用强度。此外，材料的色彩、纹理和造型也可以帮助强化设计主题，提升景观的视觉层次感。

2.5 景观构筑物

在户外环境中，仅依靠地形、植物、建筑及各类铺装元素并不足以满足景观设计所需的全部视觉和功能要求。为了达到这些目标，还需引入其他具体的设计元素，如园林基本构筑物。园林构筑物是指在景观中占有三维空间的构造元素。这些构筑物在外部环境中通常具备坚固性、稳定性及相对持久性。园林构筑物的主要类型包括台阶、坡道、墙体、栅栏及公共休息设施。此外，还有阳台、顶棚或遮阳棚、平台和小型建筑物等其他形式的构筑物。

2.5.1 台阶

在景观设计中，游客常常需要以安全和有效的方式在不同高度之间移动。台阶和坡道为人们提供了实现这种高度变化的便利手段（见图 2-126～图 2-129）。

1. 台阶在景观中的特点

（1）优点。在水平高度上变化时，台阶可以使人们保持平衡感；在完成一垂直高度变化时，只需要相对短的水平距离。

（2）缺点。有轮的交通工具（童车、自行车、轮椅等）不能

在上面行驶。当台阶上被冰雪覆盖时，在上面行走非常危险；在降雪量多的地区，大量设计台阶也是不恰当的。

2. 踏面、上升面和休息平台

踏面是人脚踩踏的水平面，上升面是梯级的垂直部分，而休息平台则是两组台阶间的平面，用于休息和缓冲（见图 2-130）。台阶的设计遵循一个常见的比例关系：升面高度的 2 倍加上踏面宽度等于 66cm（2R+T=66cm）。根据这个比例，一般情况下，人们在这样的台阶上上下会感到舒适。例如，升面高度为 15cm 时，踏面宽度应为 36cm；升面高度为 14cm 时，踏面宽度应为 38cm。通常，升面

图 2-126   台阶和坡道在景观设计中的
应用（1）

图 2-127   台阶和坡道在景观设计中的
应用（2）

图 2-128   台阶和坡道在景观设计中的
应用（3）

图 2-129   台阶和坡道在景观设计中的
应用（4）

越高，踏面越窄。设计时，升面高度应在10cm至16.5cm之间，过小（小于10cm）会不易察觉并有绊倒的危险，过大（超过16.5cm）则会让老年人或步伐较慢的人感到困难（见图2-130）。台阶的宽度和大小依据使用人数而定，双向行人台阶宽度不得少于1.5m。

3. 垂带墙和扶手栏杆

垂带墙是指台阶两侧的夹墙，位于台阶与相邻斜坡之间。这些夹墙不仅起到作为台阶边缘的作用，还充当了台阶与斜坡之间的挡土墙。与垂带墙相关的还有扶手栏杆，栏杆可以设置在墙的内侧或墙体上（见图2-131、图2-132）。栏杆的高度应距离踏面前沿81~91.5cm，并且在开始和结束时水平延伸约46cm。垂带墙分为以下两种类型。

（1）顶部高度始终高于最高一级台阶，特征是墙的顶部与台阶之间的高差从上到下保持不变。

（2）墙体根据台阶的形状而倾斜，特征是墙的顶面与台阶之间的高差同样从上到下保持不变。

4. 台阶的功能

（1）台阶可以通过暗示的方式，而非实际封闭的方式，划分外部空间的边界。例如，它可以突出两个相邻区域之间的微小高度变化，形成空间的分割感。

（2）台阶也能提醒游客，他们正在从一个空间过渡到另一个空间，起到转换的作用，能为相邻的空间提供渐近而明显的变化。

图 2-130　中山陵的阶梯中设计若干踏面

图 2-131　垂带墙（1）

图 2-132　垂带墙（2）

（3）从美学角度来看，首先，台阶能提供目标指引和视觉吸引，能够在道路尽头作为焦点。其次，在外部空间中形成醒目的地平线，例如在开阔空间中，台阶可以创造出曲折的地形等高线（见图2-133和图2-134）。

2.5.2　坡道

坡道是使行人在地面上进行高度转化的第二种方法。

1. 坡道在景观中的特点

（1）优点。与台阶相比，坡

图 2-133　台阶景观（1）

图 2-134　台阶景观（2）

道几乎允许所有行人在景观中自由移动。在无障碍通道设计中，坡道是一个不可或缺的元素。

（2）缺点。为了确保斜面稳定且适宜，需要较长的水平距离。

2. 坡道的设计原则

（1）坡道的斜度比例不能超过8.33%或12∶1。例如，按照12∶1计算，设计出一垂直高度为1m的斜面，其水平距离应为12m。

（2）斜坡最大间隔9m应设计一个平台，平台最小长度为1.5m。

（3）坡道的两边应设有15cm高的道牙，并配置栏杆。栏杆扶手与台阶的标准一样，可以将坡道和台阶相结合设计（见图2-135～图2-137）。

图2-135　坡道与台阶结合（1）

2.5.3　墙体与栅栏

在外部环境中，另一种建筑形式是墙体和栅栏。它们能够在景观中形成坚固的垂直建筑面（见图2-138）。墙体通常由石材、砖块或水泥构成，可分为独立墙和挡土墙两种类型。独立墙是单独存在的，而挡土墙则位于斜坡

图2-136　坡道与台阶结合（2）

图2-137 坡道与台阶结合（3）

或堆土的底部，起到防止泥土滑落的作用。栅栏则可以用木材或金属制成，通常比墙更薄、更轻。

墙体与栅栏具有如下功能。

（1）制约空间。独立墙体和栅栏可以在垂直面上限制和封闭空间。当这些墙体和栅栏的高度超过183cm时，空间的封闭感达到最大（见图2-139）。

（2）屏障作用。限制空间的墙体和栅栏同样会对空间的视线产生影响。一般而言，高于183cm的坚固墙体在封闭视线方面效果最佳。这种设计通常用于停车场周边、陆地两侧或不美观的工业设施周围，在某些独栋或多户住宅的户外空间中，维护私密性是非常必要的。需要强调的是，墙和栅栏的设计应避免墙顶与视线平齐。在隐蔽区域，高度必须高于视线水平（见图2-140）。

（3）分隔功能。在设计中，有时功能布局需要将不同甚至不协调的空间和用途结合在一起，墙和

栅栏可以有效地将相邻空间彼此隔离（见图2-141）。

（4）调节气候。独立墙体和栅栏也可以在景观设计中使用，以最大限度地减弱阳光和风的影响。为了遮挡夏日午后的强烈阳光，墙和栅栏的最佳位置应在建筑物或室外空间的西面和西北面。而在冬季，为了阻挡寒风，栅栏也应位于防护区的西面和西北面。

（5）休息座椅。低矮独立式墙和栅栏在充当其他功能角色的同时，也可作为供人休息的座椅。为了使人就座舒适，墙体必须高于地面46cm，宽度应在30.5cm。

（6）视觉作用。独立的墙体和栅栏在景观中也具备多种视觉功能。例如，一面独立的墙可以将两组分开的植物连接在一起，墙体则充当它们共同的背景，从视觉上使这两组植物形成一个统一的整体（见图2-142）。

图 2-138　景墙：装饰作用

图 2-139　景墙：制约空间

图 2-140　景墙：屏障作用

2.5.4　挡土墙

挡土墙的主要功能是在较高地面与较低地面之间充当泥土阻挡物。挡土墙的高度应为40～50cm，座面宽为30.5cm（见图 2-143～图 2-147）。

2.5.5　设计原则

墙体和栅栏主要由三部分组成：勒脚、墙体和栅栏体、墙头。

图 2-141　景墙：分割功能

图 2-142　景墙：视觉作用

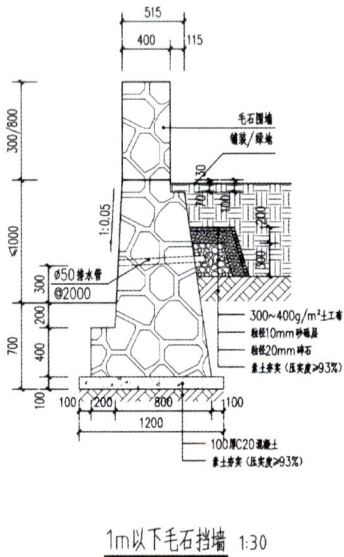

图 2-143　毛石挡墙施工图节点

图 2-144　挡土墙施工过程（1）

图 2-145　挡土墙施工过程（2）

图 2-146 挡土墙设计（1）

图 2-147 挡土墙设计（2）

（1）勒脚。勒脚是墙体和栅栏体与地面的接触面。勒脚应宽于墙体。当涉及斜坡与墙体时，一种处理方式是去掉勒脚，或让勒脚线呈台阶状跌落。

（2）墙体和栅栏。墙体和栅栏是空间垂直面的组成部分，尽管表面的形式和结构各不相同，但要选择一个具体的形式和结构，必须根据美学特征、空间特性、功能作用及工程造价等决定。

（3）墙头。墙头有两个功能，即实用性和观赏性。顶部可以遮盖墙身，防止雨水渗入墙内。

2.5.6 座椅

室外座位的主要作用是提供一个干净稳固的地方供人们就座。此外，座位也为人们提供了休息、等候、谈天、观赏、看书或用餐的场所（见图 2-148～图 2-153）。

（1）休息、等候。任何一个活动场所都应设置座位供人们休息。

（2）交谈。座椅还是人们与好友交谈的好地方，经过特别设计的座椅更有助于人们交谈，例

图 2-148 景观座椅（1）

图 2-149 景观座椅（2）

图 2-150　景观座椅（3）

图 2-151　景观座椅（4）

图 2-152　景观座椅（5）

图 2-153　景观座椅（6）

如，群体组合安排座椅便于人们面对面地交谈。

（3）观赏。许多人喜欢随便坐于某处观看风景或者观看他人活动。所以设计的座位应靠近主要的活动场所。

（4）看书、用餐。看书、用餐座椅比较理想的放置场所是树荫下。

（5）座椅的尺寸。座面应高于地面 46～51cm，宽度为 30.5～46cm，靠背高于座面 38cm，扶手高于座面 15～23cm，座椅腿或支撑结构比座椅前部边缘凹进去至少 7.5～15cm。

2.6　水体设计

2.6.1　水的一般特性

水是景观设计中最引人注目的元素之一，深深吸引着人类的注意力。水的多种自然特性在风景园林设计中极大地影响着人们的设计理念和手法。

（1）水体的可塑性。水没有固定的形状，形态完全由容器决定。因此，在设计水体时，首先需要考虑容器的类型。重力也会影响水体的外观和形状，例如，高处的水流向低处，形成流动状态。

（2）水体的状态。水体主要可分为静水和动水两种类型。

静水。指不流动的平静水体，通常见于湖泊、水塘及缓慢流动的河流。静水的安宁和柔和能让人感到内心平静与安详（见图2-154）。

动水。多出现在河流、溪流及瀑布和喷泉中。与静水不同，动水充满活力，能够引起人们的注意并带来激动感（见图2-155～图2-158）。

（3）水声。水流动或与物体碰撞时会发出声音，这种声音能够直接影响人们的情绪。例如，海浪声令人平静，瀑布的声音则能激发人们的热情。利用水声可以增强室外空间的吸引力。

（4）水的倒影。水能够映射周围的环境，使周围环境在水中形成倒影。

从以上特性可得出以下结论：首先，水作为液体，在设计中没有固定形态，其形态多源于外部条件；其次，水受到多种因素的影响，因此是高度可塑且富有弹性的设计元素。

2.6.2 水的一般用途

水在室外空间的设计和布局中发挥着多重作用。某些用途直接与视觉设计相关，而另一些用途则属于实际需求。

（1）提供消耗。水可供人类和动物进行日常消耗。

（2）供灌溉用。水的一个重要实用功能是用于灌溉稻田、花园、草地及公园绿地等。灌溉主

图 2-154　静水营造

图 2-155　动水：自然瀑布

图 2-156　动水：人造瀑布（1）

图 2-157　动水：人造瀑布（2）

图 2-158　动水：人造瀑布（3）

要有三种方式：

①喷灌：最常见的园林灌溉方式，通过喷头系统喷洒水，需设置永久性地下管道。

②渠灌：灌溉区域须具备一定坡度，利用重力使水自然流动。

③滴灌：在地面或地下设置滴水装置，以持续小量滴灌植物。

（3）对气候的控制。水可调节室外空气及地面温度，夏季水面上的微风能带来凉爽感。

（4）控制噪声。水可以减轻室外空间的噪声，尤其在城市中，水可以有效地减小噪声。汽车、人群和工厂的噪声。

（5）提供娱乐条件。水在景观设计中还常常作为娱乐设施的基础。水域可进行游泳、钓鱼、赛艇、划水和溜冰等活动。在开发水体作为娱乐场所时，要注意保护自然景观和水体，同时合理布局和维护水源。

2.6.3 水的美学观赏功能

风景园林设计师要明确水在设计中的功能。下面，我们将分别探讨水的静态和动态在视觉美感方面的作用。

1. 平静的水体

（1）规则式水池。这类水池是人工制造的蓄水体，边缘线条分明，通常呈现几何形状，如圆形、正方形、三角形或矩形。平静的水面可以作为周围景物的自然前景和背景，还能够反射主要景物的倒影，从而突显景物的形象，为观赏者提供多样的视觉体验。需要注意的是，水池的形状和表面设计不应过于显眼，以免抢夺其他元素的风头。

（2）自然式水塘。这一类型的水塘在设计上更加自然或半自然，可以是人工构建的，也可以是自然形成的，通常以自然曲线为主。自然式水塘最适合在乡村或大型公园中设置。其还有以下功能。

①它能在室外空间中营造一种轻松宁静的氛围，水塘的形状比水池更为柔和。

②由于水塘的静态特性，它可以作为景观中的基准面。

③水塘能在视觉上将环境中不同区域的元素结合起来，通过与水的联系，形成统一的整体。

④水塘能够吸引视线，引导观众逐步欣赏景观。

2. 流水

流水是另一种用于丰富室外环境设计的水的形态。流水是指在有坡度的渠道中，由重力引起的自然流动的水，通常不包括瀑布。流水的特点取决于水流量、河床的大小和坡度，以及河底和岸边的材质。例如，当河床的宽度和深度保持不变时，使用光滑细腻的材料会使水流平缓而稳定；要创造湍急的水流，可以通过改变河床的宽度、增加坡度，或使用粗糙材料来阻碍水流，从而形成波浪和水声。

3. 瀑布

瀑布是指水流从高处突然落下所形成的景观，其观赏效果比流水更加丰富，常被用作室外环境的视觉焦点。瀑布可以分为三类。

（1）自由落体瀑布：水从一个高度连续落至另一个高度（见图 2-159）。

（2）跌落瀑布：在瀑布的高低之间添加障碍物或平面，使水流在此停留，形成短暂的间隔（见图 2-160、图 2-161）。

（3）滑落瀑布：水沿斜坡滑落，与流水的区别是滑落瀑布的水较少且在陡坡上流动（见图 2-162）。

4. 喷泉。

喷泉（见图 2-163）是指利用压力将水喷射到空中所形成的景观，通常根据形态分为四类：单射流喷泉、喷雾式喷泉、充气喷泉和造型式喷泉。

（1）单射流喷泉：形成清晰的水柱，设计相对简单（见图 2-164）。

（2）喷雾式喷泉：通过多个小孔喷出细小的雾状水滴，形成喷雾效果。

（3）充气喷泉：能够产生湍流和水花的效果。

（4）造型式喷泉：通过不同类型的喷泉组合形成的艺术性喷泉，如"闪耀的晨光"和"蘑菇形"。

总之，无论何种类型的水体或其组合形式，在室外空间中应用时都需与设计目的及环境特征相一致，且应充分考虑当地的气候特点与使用需求。例如，在干燥炎热的地区，水作为一种重要的元素，可以带来身体和心理上的凉爽；而在多雨地区，大量的水则可能导致环境湿度过高，增加阴郁感（见图 2-165）。

图 2-159 自由落体瀑布

图 2-160 人造跌落瀑布

图 2-161 人造跌落瀑布

图 2-162 滑落瀑布

图 2-163 喷泉

图 2-164 单射流喷泉：涌泉

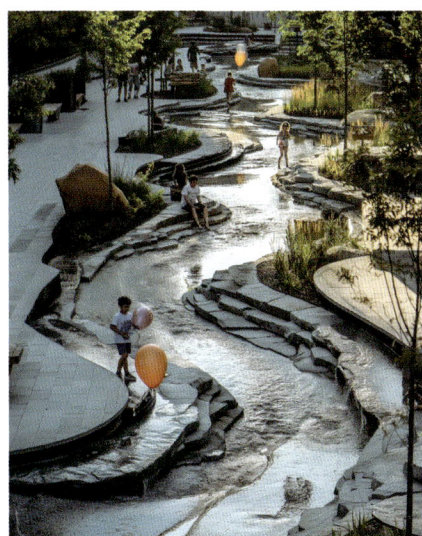

图 2-165 城市中的自然溪谷景观

2.7 总结

本章围绕景观设计的关键要素展开，涵盖了地形、植物材料、建筑物、铺装、景观构筑物和水体设计。各要素的设计相互影响，共同塑造一个既美观又实用的景观。地形设计影响整体效果，植物材料的选择和布置决定生态与视觉效果，建筑物与环境的协调至关重要，铺装的选择影响使用体验和耐久性，景观构筑物增添功能与艺术感，水体设计提升美学和环境功能。综合这些要素的合理设计，能够实现功能性、美观性与生态性的统一。

第 3 章　景观设计的分类

景观设计作为一种重要的艺术与科学的结合体，旨在创造和谐、美观且有一定功能的环境，提升人们的生活质量。无论是在城市还是在乡村，景观设计都扮演着至关重要的角色，它通过巧妙地规划和设计，改善自然环境与人类活动之间的关系。随着社会的发展和人们生活方式的变化，景观设计的类型也日益丰富，涵盖了公共空间、私人空间、商业环境等多个领域。本章将探讨景观设计的主要分类及其特点，以便更好地理解这一领域的多样性和复杂性。

3.1　公共景观设计

公共景观设计是城市空间中最为显著的部分，主要包括公园、广场和步行街等。这些空间旨在为市民提供休闲、社交和文化活动的场所，促进社区的互动和提升人们的生活质量。公共景观设计不仅关乎美学，更涉及社会、经济和生态等多个层面，是城市规划与设计的重要组成部分。

3.1.1　公园规划设计

公园被誉为城市的"绿肺"，在城市生态系统中扮演着不可或缺的角色。公园的设计通常包括步道、草坪、湖泊、游乐场等元素，旨在为市民提供一个放松和娱乐的空间。例如，纽约中央公园是一个典型的城市公园，通过其广阔的绿地和多样的活动设施，成为市民休闲和社交的中心。

公园的设计不仅注重美观，更注重生态功能。合理的植被配置能够提供丰富的生物栖息地，促进城市的生态平衡。此外，公园内的水体设计，如湖泊和喷泉，不仅提升了视觉吸引力，还能够调节城市微气候，降低热岛效应。因此，公园的规划设计需要综合考虑生态、社会和美学等多重因素，创造出一个和谐、可持续的公共空间（见图 3-1～图 3-4）。

图 3-1　纽约中央公园鸟瞰图（1）

图 3-2　纽约中央公园喷泉

3.1.2　城市广场设计

城市广场是城市生活的核心，通常是市民社交、文化活动和商业交易的重要场所。例如，巴塞罗那的加泰罗尼亚广场，作为城市的标志性活动场所，常用于举办各种活动和集市，周围有丰富的商业设施和艺术装置（见图3-5、图3-6）。

广场的设计强调与周围建筑的协调，通常需要考虑建筑风格、材料和色彩的统

图3-3　纽约中央公园鸟瞰图（2）

图3-4　纽约中央公园喷泉广场

图3-5　加泰罗尼亚广场（1）

图3-6　加泰罗尼亚广场（2）

一性，以增强整体视觉效果。广场内的空间布局应当灵活，能够适应不同规模的活动和人流需求。此外，广场的绿化设计也非常重要，适当的植被不仅能够提供阴凉和舒适的环境，还能提升空间的美观度。

城市广场还应具备良好的交通连接，方便市民和游客的出行。通过合理的交通流线设计，广场可以成为城市的交通枢纽，促进人流和商业活动的繁荣。因此，城市广场的设计不仅是一个美学问题，更是对社会功能和经济价值的综合考量的结果。

3.1.3　步行街设计

步行街是城市中专为行人设计的通行空间，通常完全禁止车辆通行，旨在提升行人体验和促进商业活动。例如，上海的南京路步行街就是一个成功的案例，街道两侧布满了商店、餐厅和艺术装置，

吸引了大量游客。

步行街的设计注重人性化，通常配备绿化、座椅、休闲区和艺术装置，以提升市民的舒适度和参与感。步行街不仅是购物和消费的场所，更是社交和文化活动的中心，常常举办各种市集、演出和展览，丰富了人们的文化生活（见图3-7～图3-10）。

此外，步行街的设计还需考虑无障碍通行，确保所有人群，包括老年人和残障人士，都能方便地使用这些公共空间。通过合理的景观布局和设施配置，步行街能够有效促进商业活动，增强城市的活力和吸引力。

总之，公共景观设计在提升城市生活质量、促进社区互动和保护生态环境方面发挥着重要作用。通过对公园、广场和步行街的精心设计，城市能够创造出更加宜居、宜游的环境，满足人们对美好生活的向往。随着城市化进程的加快，公共景观设计将继续演变，以适应不断变化的社会需求和环境挑战。

第3章　景观设计的分类

图3-7　上海南京路步行街(1)

图3-8　上海南京路步行街（2）

图3-9　上海南京路
步行街（3）

图3-10　上海南京路步行街（4）

3.2　私人景观设计

私人景观设计专注于满足个体的需求和隐私，主要包括住宅庭院和别墅花园设计等。这些空间通常用于家庭的休闲和娱乐，强调个性化和美观。私人景观设计不仅反映了主人的生活方式和价值观，还创造了一个与自然和谐共生的私密空间。

3.2.1　住宅庭院设计

住宅庭院设计是私人景观设计的重要组成部分，旨在为家庭提供一个舒适、放松和愉悦的环境。一个成功的住宅庭院设计应当考虑空间的功能性、植物的选择及景观元素

的搭配。下面以日式枯山水（Karesansui）庭院为例进行分析。

日式枯山水庭院是日本禅宗庭园艺术的经典范例，通过石头、沙子和苔藓的巧妙组合，创造出宁静的氛围，适合个人冥想和放松。枯山水庭院通常不使用水，而是通过细致的砂石铺设和巧妙的石材布局，模拟出山川河流的意境。其构成元素不仅丰富多样，还蕴含了深厚的文化与哲学内涵，日式枯山水庭院的足立美术馆如图3-11～图3-14所示。

枯山水庭院的组成（见图3-15）包含以下元素，下面一一进行分析。

（1）砂砾。

在枯山水庭院中，砂象征水和云等流动的事物。通过在砂上耙制不同的纹理，小小的庭院中便能展现"大海汪洋、云雾翻涌"的视觉体验，营造出"无水却似有水，无云却似有云"的境界。

（2）惊鹿（或称添水器、惊鸟器）。

材料：一种竹制水器，水满时竹石相击，发出清脆悦耳的声音。

功能：动静结合，增添了庭院的趣味，同时体现了"月满则亏，水满则溢"的哲理。

图3-11　足立美术馆图（1）

图3-12　足立美术馆（2）

图 3-13　足立美术馆图（3）

图 3-14　足立美术馆（4）

图 3-15　日式枯山水庭院 6 大元素

（3）青苔。

特征：苔藓潮湿、安静且富有生机，能够在院内任意角落生长。

意蕴：青苔常与景石组合出现，营造出自然的氛围和静谧感，寓意着生命力。

（4）石灯笼。

来源：起源于中国的佛灯，后传入日本并被广泛应用于庭院。

象征意义：象征人们对美好生活的向往，增添了庭院的文化深度。

（5）石径。

设计：类似于汀步，使用不规则的石板铺设，供人行走。

意境：通过自然的形式，创造出幽谷的意境，增强整体的自然美感。

此外，枯山水庭院通常会设置一些座椅或平台，供人静坐欣赏庭院的美景，进行冥想或品茶，如图 3-16、图 3-17 所示。这种空间设计不仅鼓励人与自然的亲密接触，更为人们提供了一个逃离城市喧嚣的静谧场所。通过这种设计，枯山水不仅体现了日本文化对自然的尊重，也反映了禅宗的哲学思想，强调简约与内敛的美，让人在静谧的环境中感受到自然的力量与生命的韵律。

（6）置石。

材料：石块采用未经

加工的自然石，直接布置于庭院中，称作"点石"。

布置：布置时要深埋作业，精心安排，石块看似从土中自然生长而出，产生极强的纵深感，使人能够"于点景石之中，感知大地的力量"。大石象征山脉，小石则代表河流，这种选择和摆放对于整体设计至关重要。

3.2.2　别墅花园设计

别墅花园设计则更加强调奢华与精致，通常用于展示主人的品位和生活方式。一个成功的别墅花园设计应当考虑空间的布局、植物的选择及景观小品的配置。下面以法国凡尔赛宫花园为例进行解析。

凡尔赛宫花园是 17 世纪法国园林设计的经典之作，其以对称的布局和丰富的植物配置而闻名。设计师安德烈·勒诺特尔（André Le Nôtre）通过精心地规划和设计，创造出了一个宏伟而富有秩序

图 3-16　日式枯山水庭院（1）

图 3-17　日式枯山水庭院（2）

图 3-18 凡尔赛宫花园（1）

图 3-19 凡尔赛宫花园（2）

图 3-20 凡尔赛宫花园（3）

图 3-21 凡尔赛宫花园（4）

感的花园（见图 3-18～图 3-21）。

凡尔赛宫花园的核心是其对称的主轴线，沿着这条主轴，设计了多个花坛、喷泉和雕塑，形成了一个视觉上的中心。花园中的植物配置也经过精心挑选，常见的有修剪整齐的灌木、色彩鲜艳的花卉和高大的树木，形成了丰富的层次感和变化。

此外，凡尔赛宫花园还设有多个小径和休息区，供游客漫步和欣赏周围的美景。这些小径不仅引导人们探索花园的不同区域，还通过景观小品，如喷泉和雕塑，增添了花园的艺术氛围。

凡尔赛宫花园不仅是一个私人花园，更是权力与财富的象征，体现了当时法国贵族对美的追求和对自然的改造。其设计理念和美学影响了后来的园林设计，成为世界园艺设计的经典范例（见图 3-22、图 3-23）。

总之，私人景观设计通过对住宅庭院和别墅花园的设计，满足了个体对空间的需求和对美的追求。无论是日本的枯山水

图 3-22 凡尔赛宫花园（5）

图 3-23 凡尔赛宫花园（6）

庭院，还是法国的凡尔赛宫花园，其设计都体现了文化、历史和个人审美的结合，为人们提供了一个与自然和谐共生的私密空间。在未来，私人景观设计将继续演变，以适应不断变化的生活方式和环境需求。

3.3 商业景观设计

商业景观设计旨在提升顾客体验和商业价值，主要包括商场、酒店和餐厅等商业设施的景观设计。通过精心的景观设计，商业空间能够吸引顾客、延长顾客停留时间，并增强品牌形象，最终实现经济效益的提升。

3.3.1 商场景观设计

商场的景观设计不仅关注建筑本身的美观，更强调顾客在购物过程中的整体体验。一个成功的商场景观设计应当考虑空间布局、绿化配置、休息区和水景等元素，以创造一个舒适、令人愉悦的购物环境。下面以新加坡的 ION Orchard 为例进行分析（见图 3-24、图 3-25）。

新加坡的 ION Orchard 是一个典型的现代购物中心，其景观设计充分利用了绿化、休息区和水景，营造出一个与自然和谐共生的购物环境。商场外部的立面采用了玻璃和金属材料，反射出周围的城市景观，形成了一个现代而时尚的视觉效果。

在商场内部，设计师通过设置大量的绿植和垂直花园，增加了空间的生机与活力。休息区则被巧妙地布置在商场的不同角落，配备舒适的座椅和自然光照，让顾客在购物之余进行休息和社交。

水景设计也是 ION Orchard 的一大亮点，商场内设有多个水景装置，如喷泉和水幕墙，这些水景不仅为顾客提供了视觉享受，还起到了调节室内气候的作用，提升了购物体验。此外，商场内的导视系统设计也十分人性化，便于顾客快速找到所需的商店和设施。

通过这些精心设计的景观元素，ION Orchard 成功地吸引了大量顾客，成为新加坡购物和休闲的热门场所。

3.3.2 酒店景观设计

酒店的景观设计不仅要考虑美观性，更要营造出舒适、奢华的度假氛围，以吸引游客入住。酒店周围的景观环境往往直接影响客人的入住体验和满意度。下面以迪拜的亚特兰蒂斯酒店为例进行解析（见图 3-26～图 3-29）。

迪拜的亚特兰蒂斯酒店是一个奢华度假酒店，其景观设计充分展现了热带度假的氛围。酒店周围的人工海滩、泳池和热带植物设计，营造出了一个梦幻的度假场景，吸引了大量游客前来体验。

亚特兰蒂斯酒店的人工海滩是其景观设计的核心，沙滩与海水的结合为客人提供了一个放松和享受阳光的空间。泳池的设计则融入了热带风情，周围环绕着椰子树和色彩斑斓的花卉，创造出了一个令人愉悦的游泳环境。

此外，酒店内的景观小品，如雕塑和喷泉，也经过精心设计，增强了整体的美感和艺术氛围。酒店的景观设计不仅要关注视觉效果，还应注重与周围环境的协调，确保每个细节都能为客人提供独特的体验。

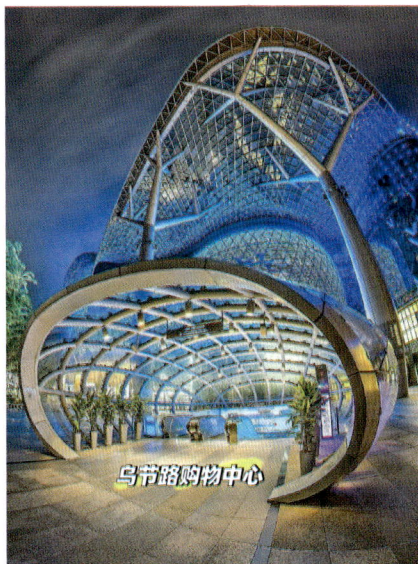

图 3-24　新加坡的 ION Orchard（1）

图 3-25　新加坡的 ION Orchard（2）

图 3-26 亚特兰蒂斯酒店（1）

图 3-27 亚特兰蒂斯酒店（2）

图 3-28 亚特兰蒂斯酒店（3）

图 3-29 亚特兰蒂斯酒店（4）

通过这种精致的景观设计，亚特兰蒂斯酒店成功地吸引了大量游客，成为迪拜最受欢迎的度假胜地之一。

总之，商业景观设计在提升顾客体验和商业价值方面发挥着重要作用。通过对商场、酒店等商业设施的精心设计，能够创造出一个舒适、令人愉悦的环境，吸引顾客的光临并延长他们的停留时间。无论是新加坡的 ION Orchard，还是迪拜的亚特兰蒂斯酒店，这些成功的案例都展示了商业景观设计的巨大潜力和价值。未来，商业景观设计将继续演变，以适应不断变化的市场需求。

3.3.2 旅游度假区设计

旅游度假区设计是指在特定的自然或人文环境中，针对游客的需求进行综合规划和设计，以为游客提供休闲、娱乐、文化体验等多元化服务的场所。旅游度假区不仅关注建筑和设施的布局，还强调与自然环境的和谐共生，力求为游客创造一个舒适、

愉悦的度假体验，下面以两个度假区为例进行分析。

1. 亚龙湾旅游度假区（见图 3-30～图 3-33）

亚龙湾旅游度假区的设计核心在于通过科学合理的规划与设计，提升游客的整体体验。设计过程中主要考虑以下几个方面。

（1）环境与生态。旅游度假区应充分尊重和保护自然环境，避免对生态系统造成负面影响。设计中应融入生态保护理念，采用可持续的设计方法。

（2）功能与服务。度假区需要提供多样化的服务和设施，包括住宿、餐饮、娱乐、运动等，以满足不同游客的需求。

（3）文化与体验。设计应融入当地的文化元素，提供独特的文化体验，增强游客的参与感和归属感。

（4）可达性与交通。度假区的交通规划应便捷，确保游客能够方便地到达各个设施和景点。

2. 巴厘岛的努沙杜瓦度假区（见图 3-34～图 3-37）

该度假区位于印度尼西亚巴厘岛，是一个典型的旅游度假区，其设计案例从以下几个方面展示了如何

将环境、功能和文化相结合，创造出理想的度假体验。

（1）环境与生态保护。努沙杜瓦度假区的设计充分考虑了周围的自然环境，保留了大量的热带植被和海滩。度假区内的建筑采用低层设计，避免对海岸线的遮挡，最大限度地保护了自然景观。

（2）多样化的功能与服务。度假区内设有多家五星级酒店、豪华别墅、高尔夫球场、SPA中心和水上活动中心，满足不同游客的需求。此外，度假区还提供

图 3-30　亚龙湾旅游度假区（1）

图 3-31　亚龙湾旅游度假区（2）

图 3-32　亚龙湾旅游度假区（3）

图 3-33　亚龙湾旅游度假区（4）

图 3-34　巴厘岛的努沙杜瓦度假区（1）

图 3-35　巴厘岛的努沙杜瓦度假区（2）

图 3-36　巴厘岛的努沙杜瓦度假区（3）

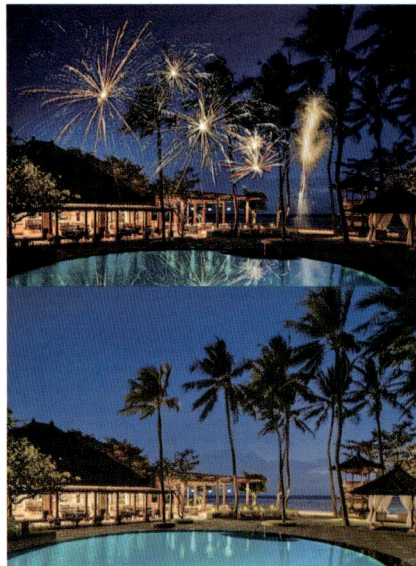

图 3-37　巴厘岛的努沙杜瓦度假区（4）

第 3 章　景观设计的分类

了丰富的餐饮选择，从当地美食到国际料理一应俱全。

（3）文化与体验。努沙杜瓦度假区注重展示当地的巴厘文化，设计中融入了传统的巴厘建筑风格和艺术元素。度假区内定期举办文化表演和艺术展览，让游客能够深入体验当地的文化。

（4）便捷的交通与设施。度假区内的交通系统设计合理，设有步行道和自行车道，游客可以方便地在各个设施之间穿梭。同时，度假区与巴厘岛的主要交通枢纽相连，方便游客出行。

总之，旅游度假区设计是一项综合性的规划与设计工作，旨在为游客提供舒适、愉悦的度假体验。通过合理的环境保护、功能布局和文化体验，旅游度假区能够成为吸引游客的重要目的地。随着旅游业的不断发展，度假区设计将继续演变，以满足人们日益增长的需求，促进可持续发展和生态保护。

3.4　生态景观设计

生态景观设计关注生态保护和可持续发展，旨在通过合理的规划和设计保护自然环境，促进生物多样性发展，并为公众提供教育和休闲的机会。主要包括自然保护区和湿地公园等，生态景观设计不仅要考虑人类活动对环境的影响，还要强调人与自然的和谐共处。

3.4.1　自然保护区

自然保护区是为了保护特定的生态系统、物种及其栖息地而设立的区域。生态景观设计在自然保护区中扮演着重要角色，旨在为游客提供探索自然的机会，同时保护脆弱的生态环境。下面以美国加州的红木国家公园为例

进行分析（见图 3-38～图 3-41）。

美国加州的红木国家公园是一个典型的自然保护区，其以古老的红木树而闻名。公园的设计旨在保护这些巨大的树木及其周围的生态系统，同时为游客提供一个亲近自然的场所。

公园内设有多条步道，游客可以在这些步道上漫步，欣赏壮观的红木林景观。步道的设计考虑到了安全性和舒适性，采用了自然材料，尽量减少对环境的影响。此外，公园还设有多个观察点，供游客停下欣赏自然风光，拍摄美丽的照片。

在生态教育方面，红木国家公园提供了丰富的教育项目，包括导游讲解、自然观察和生态工作坊等。通过这些活动，游客能够更深入地了解红木树

图 3-38　美国加州红木国家公园（1）

图 3-39　美国加州红木国家公园（2）

图 3-40　美国加州红木国家公园（3）

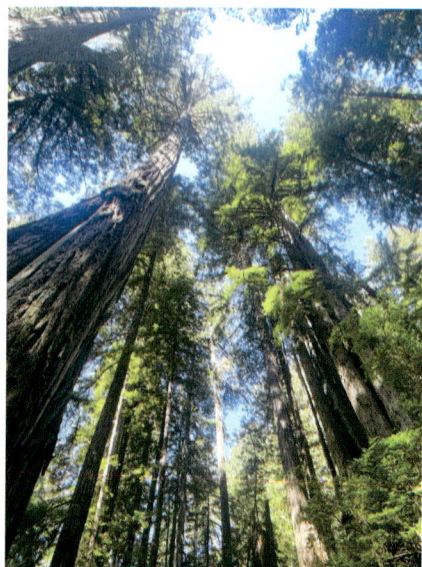

图 3-41　美国加州红木国家公园（4）

的生态价值及保护自然环境的重要性。

红木国家公园的生态景观设计不仅保护了珍贵的自然资源，也为公众提供了一个学习和体验自然的机会，促进了生态教育和环境保护意识的提升。

3.4.2　湿地公园

湿地公园是专门为保护湿地生态系统而设计的区域，通常包括沼泽、泥潭和水域等。生态景观设计在湿地公园中旨在展示湿地的生态价值，同时为游客提供观察和学习的机会。下面以美国佛罗里达州的埃弗格雷兹国家公园（见图3-42～图3-45）为例进行分析。

美国佛罗里达州的埃弗格雷兹国家公园是一个典型的湿地公园，其以广袤的湿地生态系统而闻名。公园的设计旨在保护这一独特的生态环境，同时为游客提供了解湿地的重要机会。

公园内设有多条步道和观鸟平台，游客可以在这里观察到丰富的野生动植物，包括各种鸟类、爬行动物和植物。步道的设计考虑到了安全性和便捷性，采用了环保材料，减少了对湿地的干扰。

埃弗格雷兹国家公园还提供了丰富的生态教育项目，包括导游带领的观鸟活动、湿地生态讲座和自然观察等。通过这些活动，游客能够深入了解湿地生态系统的功能和重要性，认识到保护湿地对维持生态平衡的重要性。

湿地公园的生态景观设计不仅保护了珍贵的湿地资源，还为公众提供了一个学习和体验自然的机会，促进了生态教育，提升了人们的环境保护意识。

总之，生态景观设计在保护生态环境和促进可持续发展方面发挥着重要作用。通过对自然保护区和湿地公园的科学设计，能够有效地保护自然资源，同时为公众提供教育和休闲的机会。无论是加州的红木国家公园，还是佛罗里达州的埃弗格雷兹国家公园，这些成功的案例都展示了生态景观设计的巨大潜力和价值。在未来，生态景观设计将继续演变，以适应不断变化的环境需求和社会期望。

图 3-42　埃弗格雷兹国家公园（1）

图 3-43　埃弗格雷兹国家公园（2）

图 3-44　埃弗格雷兹国家公园（3）

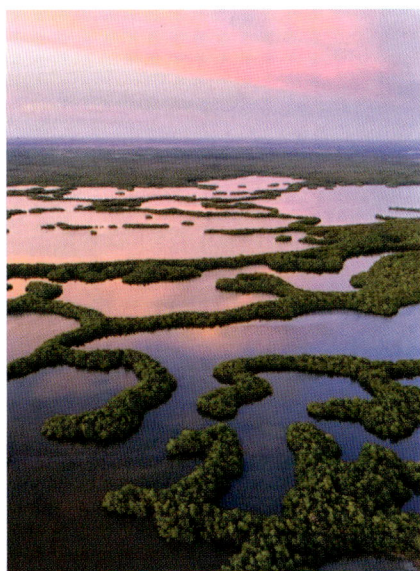

图 3-45　埃弗格雷兹国家公园（4）

3.5　景区景观设计

景区景观设计是指在特定的自然和文化背景下，结合生态环境、文化内涵与游客需求，通过合理规划与艺术创意，设计出既美观又具有功能性的景观空间。其目的是提升景区的视觉吸引力、游客体验以及环境的可持续性，营造出独特的景观氛围，提高景区的文化价值和市场竞争力。

3.5.1 山地景观设计

山地景观设计是针对山地特有的地形、气候和生态环境，通过科学规划与艺术手段，合理利用山地的自然资源和文化特色，打造既符合功能需求又融入自然的景观空间。其核心目标是在保护生态环境的同时，提升景区的美学价值和游客体验，实现人与自然和谐共生。下面以红岩公园（Red Rocks Park and Amphitheatre）（见图3-46）为例进行分析。

图3-46　红岩公园

红岩公园是一个自然景观与人造结构相结合的山地景观设计典范。公园坐落于落基山脉，其以独特的红色岩石和山地地形而闻名。设计师在保留自然景观的基础上，巧妙地将一个露天音乐剧场与周围环境融为一体，创造了一个既具有生态保护意识又能提升游客体验的场所。其设计的亮点包括以下几个方面。

（1）地形与建筑融合。音乐剧场的设计充分考虑了山脉的自然地形，场地座椅利用山坡的斜坡进行布置，观众可以享受自然风光，同时保持良好的音响效果。

（2）生态保护。红岩公园设计过程中严格遵循环保原则，减少人工设施对环境的影响，保留了周围的植被和动物栖息地。

（3）文化和自然景观结合。红岩公园既是一个欣赏音乐和活动的场所，也是一个游客欣赏山地自然景观和岩石形成的地方。通过巧妙的景观布局，设计师创造了一个集自然美、文化体验和户外活动

为一体的空间。

3.5.2 森林景观设计

森林景观设计是通过对森林生态系统的深入分析与理解，运用规划和设计手段，在保护自然环境的前提下，创造具有生态、休闲、教育和美学价值的森林空间。其目标是优化森林资源的利用，提升生态功能，改善游客体验，同时促进生态保护和维持生物多样性。下面以莫斯科森林公园（见图3-47）为例进行分析。

图3-47　莫斯科森林公园（1）

莫斯科森林公园是一个大型的城市森林景观，旨在给市民提供与自然接触的空间，同时保护和增强城市森林的生态功能。从以下几方面可以看出，莫斯科公园是莫斯科的城市绿肺之一，它不仅为市民提供了休闲、娱乐和运动的场所，还在生态保护和可持续发展方面起到了重要作用。

（1）生态保护与森林恢复。设计注重对原生态森林的保护，同时加强了对周围自然环境的恢复与维护。通过科学的植被恢复，增强了森林的生物多样性和生态功能，提供了丰富的动植物栖息地。

（2）多功能休闲区。公园内设置了多条步道、自行车道和健身区，使不同的游客群体都可以享受到自然景观与运动休闲的结合。步道和观景平台的设计充分利用了森林的自然地形，让游客可以近距离感受森林的美丽（见图3-48、图3-49）。

（3）水域景观的融合。公园内的湖泊和小溪是重要的景观元素，公园设计师将这些水域景观与森林植被有效结合，创造了一个丰富多样的生态环境。不仅提升了美学效果，还改善了局部气候和生态系统的健康。

图3-48　莫斯科森林公园（2）　图3-49　莫斯科森林公园（3）

（4）教育与可持续性。设计中包含了环保教育的元素，例如设立了生态展示区，帮助游客了解森林生态系统的运作规律和保护森林的重要性，提升了公众的环保意识。

总之，森林景观设计在提升生态环境的健康性和美观性方面发挥着重要作用。通过对森林资源的合理规划和利用，能够创造出既具有生态价值又能满足人类需求的绿色空间。无论是莫斯科森林公园，还是德国的蒂尔加滕公园，这些成功的案例都展示了森林景观设计的巨大潜力和价值。在未来，森林景观设计将继续发展，以适应日益增长的生态保护需求和公众对自然休闲空间的需求。

3.6　文化景观设计

文化景观设计是通过整合自然环境与人类文化遗产，创造具有历史、文化和美学价值的景观空间。它关注保护和传承文化元素，同时提升景观的功能性与视觉吸引力。文化景观设计不仅重视地域特色和历史背景，还力求实现人与自然、传统与现代的和谐融合。

3.6.1　历史遗址景观设计

历史遗址景观设计是通过对历史遗址的合理规划和保护，使其能够在传承文化遗产的同时，提供与现代生活相结合的功能空间。设计旨在保持历史遗迹的原貌，展示其文化价值，同时优化游客体验，增强公众对历史的认知与敬意。该设计注重保护历史遗址的真实性，避免过度开发，并创造出尊重历史的环境氛围。下面分别以敦煌莫高窟遗址、兵马俑遗址景区（陕西西安）为例进行解析。

1. 敦煌莫高窟遗址

敦煌莫高窟遗址（见图3-50～图3-53）是我国最著名的历史遗址之一，作为世界文化遗产，莫高窟的历史、艺术与宗教价值至今仍深刻影响着世界。其景区的历史遗址景观设计注重历史遗迹的保护与现代游客体验的平衡。

莫高窟景区采取严格的措施保护洞窟内的壁画与雕塑，游客进入洞窟时采取限时、限量参观方式，以减少人为破坏。同时，采用现代技术（如数字化技术和虚拟现实技术）对壁画进行保存与展示，允许游客在不直接接触的情况下欣赏这些珍贵的艺术品。

2. 兵马俑遗址景区

兵马俑遗址景区（见图3-54～图3-57）通过精心的设计和保护手段，成功地将历史遗址与现代景

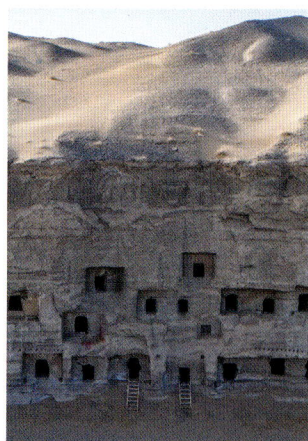

图3-50　敦煌莫高窟遗址（1）　图3-51　敦煌莫高窟遗址（2）　图3-52　敦煌莫高窟遗址（3）　图3-53　敦煌莫高窟遗址（4）

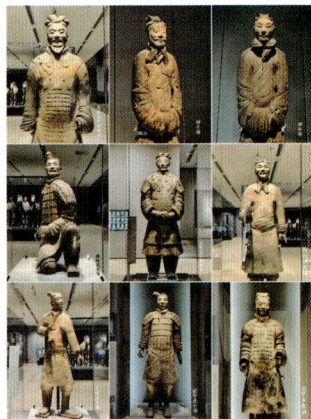

图 3-54　兵马俑遗址景区（1）　图 3-55　兵马俑遗址景区（2）　图 3-56　兵马俑遗址景区（3）　图 3-57　兵马俑遗址景区（4）

观功能相结合。景区内的展示空间和游客设施既尊重了兵马俑的历史背景，又为游客提供了舒适的游览环境，增强了历史文化的体验感，同时有效保护了这一重要的文化遗产。

兵马俑遗址的保护是设计的核心。景区设计团队在确保遗址本体得到严格保护的同时，利用现代化的展示技术和设施将历史遗产的文化价值展现得淋漓尽致。例如，专门设置的保护性建筑结构和透明的展示窗让游客能够近距离观看兵马俑，同时避免了人为因素对遗址的损害。此外，遗址周围的展馆也通过设计与遗址的建筑风格和气氛相融合，确保视觉和功能的统一。

3.6.2　纪念性景观设计

纪念性景观设计旨在通过空间布局、符号元素和环境氛围的有机结合，表达和传承历史、文化或重大事件的意义。它通过雕塑、建筑、植物配置和水景等元素，创造出能够唤起人们纪念、思考和情感共鸣的场所，体现社会价值和集体记忆。此类设计不仅具有艺术性和象征性，还承载着深刻的历史和文化意义，提醒人们铭记历史，下面以侵华日军南京大屠杀遇难同胞纪念馆为例进行分析（见图3-58～图3-61）。

侵华日军南京大屠杀遇难同胞纪念馆是为纪念1937年侵华日军南京大屠杀中遇难的30多万同胞而建立的纪念性景观。纪念馆的设计以简洁、庄严的形式表现历史的沉痛，广场中央矗立着大屠杀的纪念碑，周围是以水池和绿化带围绕的空间，象征着对逝者的追思与尊敬。馆内通过历史遗物展示、雕塑和影像资料等方法，深化游客对历史事件的认知与思考，成为一个集纪念、教育与文化传承于一体的重要场所。

侵华日军南京大屠杀遇难同胞纪念馆的设计不仅体现了对南京大屠杀中遇难同胞的深切悼念，也通过空间布局、景观元素和建筑语言，使参观者能够感受到事件的历史沉重感和纪念的庄严感。该纪念馆的设计手法具体表现在以下几个方面。

图 3-58　侵华日军南京大屠杀遇难同胞纪念馆（1）　图 3-59　侵华日军南京大屠杀遇难同胞纪念馆（2）　图 3-60　侵华日军南京大屠杀遇难同胞纪念馆（3）　图 3-61　侵华日军南京大屠杀遇难同胞纪念馆（4）

1. 整体布局与空间结构

纪念馆的整体布局呈现一种既开放又封闭的结构。纪念馆主体建筑呈线性排列，通过长长的廊道和广场引导游客步入，逐步进入沉思与悼念的状态。外部空间的开阔与内部空间给人的压抑感形成对比，体现历史的惨痛与纪念的深沉。

2. 纪念碑与雕塑

纪念馆的核心区域设有一座大型的纪念碑，碑身简洁高耸，象征着对所有遇难者的追思与尊敬。在纪念碑前的广场上，游客通过漫步走向碑身，逐渐被历史的厚重感包围，感受到悼念的庄严氛围。此外，馆内还设计了多组雕塑，象征性地呈现历史的痛苦与伤痛。这些雕塑形态独特，传递出对无辜生命的哀悼。

3. 水景与景观元素

水景在纪念馆的设计中起到了重要的作用。馆内的多个水池和水道象征着生命的脆弱与历史的深刻，水面反射着雕塑和建筑的倒影，增强了纪念的肃穆感。水景设计也常与绿化带配合，植物的配置有意避免了艳丽的色彩，而是选择了简约、宁静的植被种类，进一步强化了沉静与思考的空间氛围。

4. 建筑语言

纪念馆的建筑语言简洁、现代且充满象征性，外立面的设计避免了繁复的装饰，而采用了清晰的几何造型和简约的线条。整个建筑结构的设计注重空间的导向性和参观流程，通过逐步展开的展览区域让游客从历史的现场逐渐进入沉思，逐步进入对历史事件的深入思考。

5. 光影与色彩的运用

光线的运用在纪念馆的设计中也起到了重要的作用。自然光和人造光的巧妙结合不仅提升了纪念馆内外的视觉效果，也有助于渲染氛围。在馆内展览区域，光线的设计常通过暗淡的光线、局部照明来突出展品，使参观者更好地集中注意力，感受到历史的痛苦与庄重。整体色调以灰色、深色为主，避免艳丽的色彩，进一步强调历史的沉重和庄严。

6. 多媒体与互动展示

纪念馆还使用了多媒体与互动展示技术，进一步加深游客对历史事件的理解与感知。馆内设置了大量的历史影像、照片、声音及文字解说，通过现代技术生动地呈现历史事件。互动展览使游客能够从不同的角度体验大屠杀的历史背景，增强纪念性体验。

7. 教育功能

纪念馆设计不仅注重纪念和悼念，更加强调历史教育。通过展览和空间布局的引导，参观者能够从各个层面了解历史的真相，牢记侵略战争给中国人民和世界人民造成的深重灾难，坚定维护世界和平。这种设计手法让纪念馆不仅是一个纪念的场所，更是一个促进历史教育的重要平台。

总之，纪念性景观设计在城市空间中具有重要意义，它通过融合历史、文化和情感元素，创造出既美观又富有深刻意义的公共空间。这类设计不仅注重美学，更强调情感共鸣和历史传承，为人们提供反思、纪念和缅怀的场所。纽约911纪念广场是这一理念的典范，它将原世界贸易中心遗址转化为纪念空间，巧妙融合痛苦的历史与集体记忆，广场中心的双池反射池象征失去的生命，周围的建筑与自然景观无缝结合，展现了纪念性空间与现代城市设计的融合。成功的纪念性景观设计如巴黎凯旋门和华盛顿林肯纪念堂。未来，纪念性景观设计将进一步进行探索，通过空间创造与再生，为城市注入更深厚的历史与文化价值（见图3-62～图3-65）。

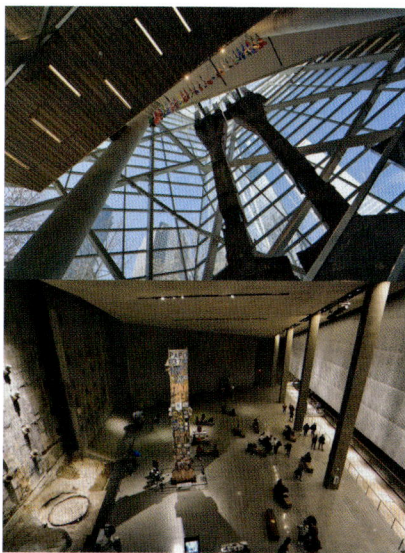

图 3-62　纽约 911 纪念广场（1）

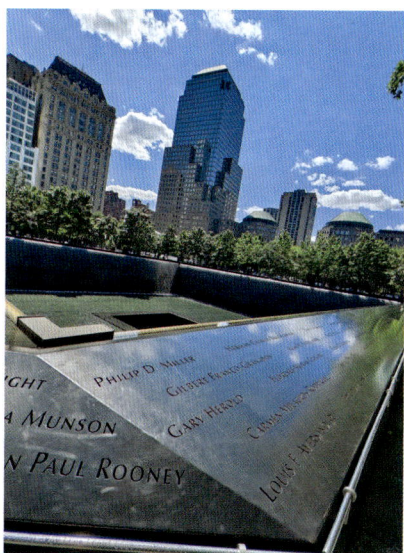

图 3-63　纽约 911 纪念广场（2）

3.7　道路景观设计

道路景观设计是城市景观设计的重要组成部分，主要关注交通安全和美观性。通过合理的设计，能够提升道路的功能性，改善交通流动性，同时增强城市的视觉吸引力。道路景观设计主要涉及绿化带和交通岛等元素。

3.7.1　绿化带

绿化带是指道路两侧或中央设置的植物带，旨在改善城市环境、提升景观美感，并为居民提供休闲空间。绿化带不仅能够美化城市，还能起到隔音、降温和净化空气的作用。下面以洛杉矶的格里菲斯公园为例进行分析。

格里菲斯公园（Griffith Park）是洛杉矶最大的城市公园之一，以其广阔的绿化带和丰富的生态系统而闻名。公园内的绿化带设计充分考虑了生态保护和居民休闲的需求，为城市居民提供了一个理想的休闲空间（见图3-66～图3-69）。

格里菲斯公园的绿化带覆盖了大量的树木、灌木和草坪，形成了一个多样化的生态环境。公园内设有步道和骑行道，游客可以在绿化带中漫步、骑行或进行其他户外活动，享受大自然的美好。

此外，格里菲斯公园还设有多个观景点，游客可以在这里俯瞰洛杉矶的城市景观。公园内的绿化带不仅提升了城市的生态质量，还为居民提供了一个休闲和社交的场所，促进了社区的互动。

通过这种设计，格里菲斯公园成功地将绿化带与城市生活相结合，成为洛杉矶市民和游客喜爱的

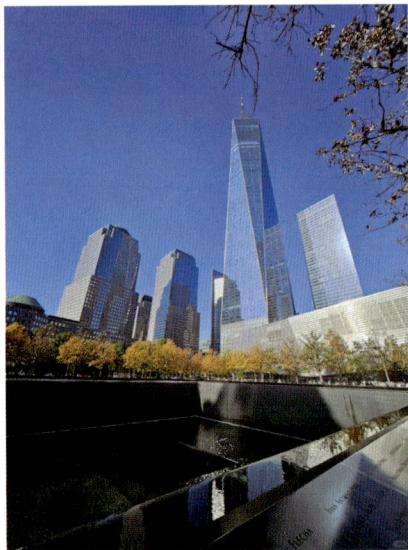

图 3-64　纽约 911 纪念广场（3）

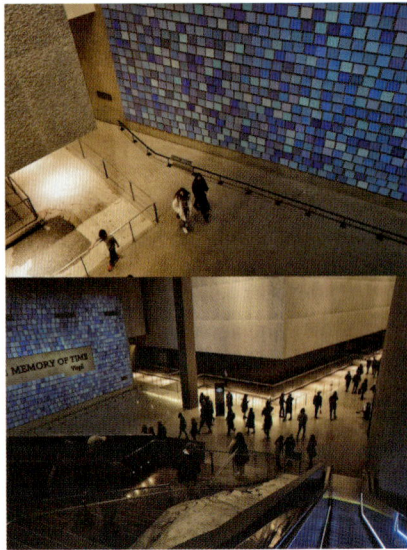

图 3-65　纽约 911 纪念广场（4）

图 3-66　格里菲斯公园（1）

图 3-67　格里菲斯公园（2）

图 3-68　格里菲斯公园（3）

图 3-69　格里菲斯公园（4）

休闲目的地。

3.7.2　交通岛

交通岛是指道路交叉口或人行道中间设置的隔离区域，旨在提高交通安全和行人通行的便利性。交通岛的绿化设计可以通过植被和艺术装置的结合，增强其功能性和视觉吸引力。下面以上海陆家嘴环形天桥下的交通岛绿化设计为例进行分析（见图3-70、图3-71）。

图 3-70　上海交通岛

图 3-71　上海交通岛夜景

上海陆家嘴环形天桥下的交通岛绿化设计注重交通流畅性和环境美化的平衡，具体来说，这些绿化设计包括以下元素：

①小型绿地与草坪：在交通岛的中央或者周围设计了一些低矮的绿草地，既增加了视觉上的绿意，也起到一定的环保作用。

②花境设计：交通岛除了草坪，常见的还有一些灌木、花卉和小型树木，种类选择适应上海的气候条件，如常绿植物、季节性花卉等。这些植物不仅能美化环境，还可以起到一定的隔音、减压作用。

③雕塑与艺术装置：在交通岛中央设置现代艺术雕塑或装置艺术，这样的设计不仅美化了空间，还增加了地方文化和艺术氛围。

④灯光与夜间美化：为了让交通岛在夜间同样具有美感，天桥下的绿化区域装设了灯光设施，突出植被的特色和结构，使其在夜晚成为一个亮丽的景观。

这些设计旨在使交通岛不仅仅是交通的交会点，还能成为城市绿化和景观的一部分，改善市民的生活质量。

总之，道路景观设计在改善交通安全和提升城市美观性方面发挥着重要作用。通过对绿化带和交通岛的精心设计，能够创造出既安全又具有吸引力的城市环境。在未来，道路景观设计将继续演变，以适应不断变化的城市需求和社会期望。

3.8　滨水景观设计

滨水景观设计是指在水体周边区域进行的景观规划与设计，旨在提升水域的生态价值、美学效果和人们的使用体验。滨水区域通常包括河流、湖泊、海岸等自然水体，以及与之相连的绿地、步道、休闲设施等。滨水景观设计不仅要关注水体本身的美观与生态功能，还要关注人们与水体的互动和亲近感。

3.8.1　滨水空间的概念

滨水空间是指水体周围的开放区域，通常用于休闲、娱乐和生态保护。设计滨水空间时，需要考虑水体的自然特性、周围环境及人们的活动需求。通过合理的设计，可以实现水体与周边环境的和谐共生，提升区域的整体价值。下面以新加坡的滨水湾（Marina Bay）为例进行分析。

新加坡滨水湾（Marina Bay）是一个成功的滨水景观设计案例，展示了如何将水体与城市生活紧密结合。滨水湾是新加坡的一个重要地标，围绕着人工湖和河流展开，形成了一个多功能的公共空间（见图3-72～图3-75）。

新加坡滨水湾的设计特点主要表现在以下几个方面：

（1）生态与美学的结合：滨水湾的设计充分考虑了生态保护，设置了丰富的植被和生态景观，如湿地和花园等。这些绿化不仅美化了环境，还为当地的生物提供了栖息地，提升了生态质量。

（2）人性化的公共空间：滨水湾设有广阔的步道和休闲区域，供市民和游客散步、跑步和骑行。设计中融入了座椅、观景平台和艺术装置，鼓励人们在水边停留、互动和社交。

（3）多样化的活动场所：滨水湾不仅是一个休闲空间，还设有多个文化和娱乐设施，如博物馆、展览中心和餐饮区等。这些设施吸引了大量游客，丰富了滨水区域的功能。

（4）水景与夜景的结合：滨水湾的夜景设计尤为出色，水面上的灯光秀和周围建筑的灯光相互辉映，形成了迷人的夜景。这种设计不仅提升了区域的美感，还吸引了游客前来观赏。

图 3-72　新加坡滨水湾（1）

图 3-73　新加坡滨水湾（2）

图 3-74　新加坡滨水湾（3）

图 3-75 新加坡滨水湾（4）

3.8.2　滨水景观设计的挑战与机遇

滨水景观设计面临的挑战包括水质污染、气候变化和城市化带来的压力。因此，在设计过程中，需要综合考虑生态保护、可持续发展和人类活动的平衡。

同时，滨水区域也提供了丰富的设计机遇。通过创新的设计，可以将水体转化为城市的"绿色肺"，提升城市的生态质量和居民的生活质量。设计师可以利用现代技术和材料，创造出更具吸引力和功能性的滨水空间。

总之，滨水景观设计在提升城市环境质量、促进生态保护和丰富人们的生活体验方面发挥着重要作用。通过对滨水空间的精心设计，可以实现水体与城市的和谐共生，提升区域的整体价值。在未来，滨水景观设计将继续朝着可持续和人性化的方向发展，为城市居民创造更美好的生活环境。

3.9　景观建筑

景观建筑是指在建筑设计中充分考虑周围自然环境和人造景观的设计理念，强调建筑与环境的和谐统一。通过将建筑与周围的自然元素、城市空间和文化背景相结合，景观建筑不仅能够创造出独特的城市地标，还能提升人们的使用体验和生活质量。

3.9.1　景观建筑的概念

景观建筑的核心在于将建筑设计与景观设计相结合，形成一种互为补充的关系。建筑不仅是功能性的空间，同时也是环境的一部分。通过合理的设计，建筑可以与周围的自然景观、城市空间和文化氛围相融合，形成独特的视觉效果和空间体验。下面以北京国家大剧院为例进行分析（见图3-76～图3-79）。

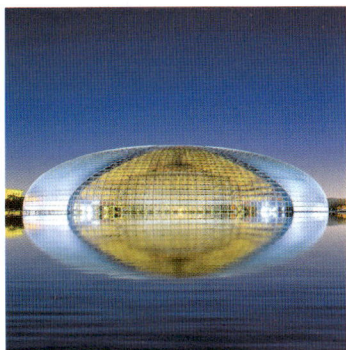
图 3-76 北京国家大剧院（1）

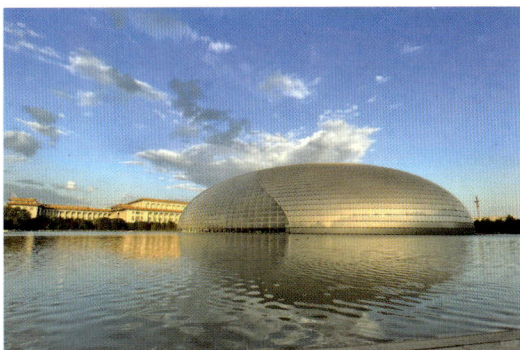
图 3-77 北京国家大剧院（2）

图 3-78 北京国家大剧院（3）

图 3-79 北京国家大剧院（4）

国家大剧院：从日景到夜景

北京国家大剧院（National Centre for the Performing Arts）是一个杰出的建筑与景观设计相结合的实例。它不仅以其独特的外观而闻名，还通过与周围环境的和谐融合展现了建筑与景观设计之间的密切关系。下面从多个角度对其进行分析。

1. 建筑外观与形式

国家大剧院的外形被称为"水滴"，是由法国建筑师保罗·安德鲁（Paul Andreu）设计的。其主要包括以下特点：

（1）流线型设计：大剧院建筑外形圆润，曲线优雅，营造出一种动态感，仿佛在水面上轻轻浮动。这样设计不仅具有视觉美感，还象征着艺术的流动性。

（2）外立面材质：大剧院外壳采用了钛金属和玻璃，可以反射周围环境的变化，增强了与自然光的互动。这种反射效果使建筑在不同光照条件下呈现出不同的面貌。

2. 建筑与水景的互动

国家大剧院坐落于长安街西侧，前面是一个人工湖，湖水的平静与建筑的现代感形成了鲜明的对比。水面与建筑的互动不仅有视觉上的吸引力，也使得整体景观更加和谐美观。

（1）水的反射：湖水对建筑的反射，不仅美化了整体景观，还增强了建筑的视觉冲击力。在夜晚，灯光映射在水面上，形成梦幻般的景象。

（2）视觉通透性：通过水面，建筑物的底部似乎漂浮在水上，这种设计使观众在接近建筑时产生一种神秘感和期待感。

3. 景观设计的元素

在景观设计中，元素的合理运用能够使建筑与周围环境更加和谐，提升整体体验感。以国家大剧院周围的环境为例，我们可以从多个方面观察其景观设计。

（1）绿化带：大剧院周围种植了大量的树木和花草，形成了一个和谐的自然环境。绿化不仅提升了空气质量，还为观众提供了一个放松的场所。

（2）步道与广场：在建筑周围设计了步道和开放广场，方便人们在剧院演出前后进行交流和休闲。这种人性化设计增加了建筑的可达性和社区参与感。

4. 文化与功能相结合

国家大剧院不仅是一个建筑物，它还是文化活动的中心，是展现我国文化艺术的重要场所。在其设计中，文化与功能性的结合体现得淋漓尽致，使其不仅具备观赏性，更具备了多样化的功能和文化象征意义。

（1）多功能空间：剧院内设有多个演出厅，能够举办各种文化活动，从音乐会到舞蹈演出，满足不同观众的需求。这种功能性与建筑设计的美学相得益彰。

（2）文化象征：作为国家的重要文化设施，国家大剧院在设计上不仅追求美观，更体现了我国现代建筑的发展和对文化艺术的重视。

5. 可持续设计考虑

在设计过程中，国家大剧院也考虑了可持续性：

（1）自然通风与采光：大剧院建筑设计中融合了自然通风和采光的元素，减少了对人工照明和空调的依赖，降低了能耗。

（2）环境影响评估：大剧院在建设前进行了充分的环境影响评估，以确保建筑与周围生态系统的协调共生。

因此，北京国家大剧院是建筑与景观设计完美结合的典范，其独特的外形和周围环境的协调，使其不仅成为一座文化艺术的殿堂，更成为北京城市文化的重要象征。通过精心的设计和规划，国家大剧院展示了现代建筑与自然环境之间的和谐关系，以及对文化艺术的深刻理解。

3.9.2 景观建筑的意义与影响

景观建筑的设计不仅提升了城市的美观性，还提高了人们的生活质量。通过将建筑与周围环境相结合，景观建筑能够创造出更具吸引力和功能性的空间，促进人们的社交互动和文化交流。

此外，景观建筑还在生态保护和可持续发展方面发挥着重要作用。通过合理的设计，景观建筑可以减少资源消耗和环境污染，推动城市的可持续发展。

总之，景观设计的多样性反映了人类对环境的理解和需求。通过不同类型的景观设计，我们不仅能够提升生活质量，还能促进生态保护和可持续发展。景观建筑作为其中的重要组成部分，通过建筑与环境的和谐结合，创造出独特的城市地标，丰富了城市的文化内涵和视觉体验。随着社会的不断发展，景观设计将继续演变，以满足人们日益增长的需求和期望，推动城市的可持续发展与生态文明建设。

3.10 总结

本章通过系统地梳理景观设计的多样化类型，详细探讨了不同类型景观设计的特点、应用场景及其核心关注点，为未来景观设计的研究与实践提供了坚实的理论依据与宝贵的设计指导。从公共景观设计到私人景观设计，从商业景观到生态景观，再到文化、景区、道路及滨水景观设计，每一类设计都代表了不同社会背景和环境需求下的创新解决方案。在此过程中，景观设计不仅仅是简单的美学追求，它更加注重功能性、实用性与生态的和谐统一，尤其是在当今快速发展的社会、技术和生态环境的背景下，景观设计的角色愈加重要。

第4章 低碳城市景观设计

随着全球城市化进程的加速，生态环境问题日益突出，气候变化的影响愈加明显。城市的快速发展与生态环境的破坏之间的矛盾不断加剧，低碳城市建设已成为全球范围内的共识和目标。低碳城市不仅关注经济发展，更强调生态保护与可持续发展。园林植物景观作为城市生态系统的重要组成部分，在改善城市生态环境、提升居民生活质量方面发挥着不可或缺的作用。因此，探讨低碳理念在景观设计中的应用，具有重要的理论和实践意义（绿色零碳建筑案例见图4-1～图4-4）。

零碳建筑解析

图 4-1 上海临港星空之境海绵公园（1）

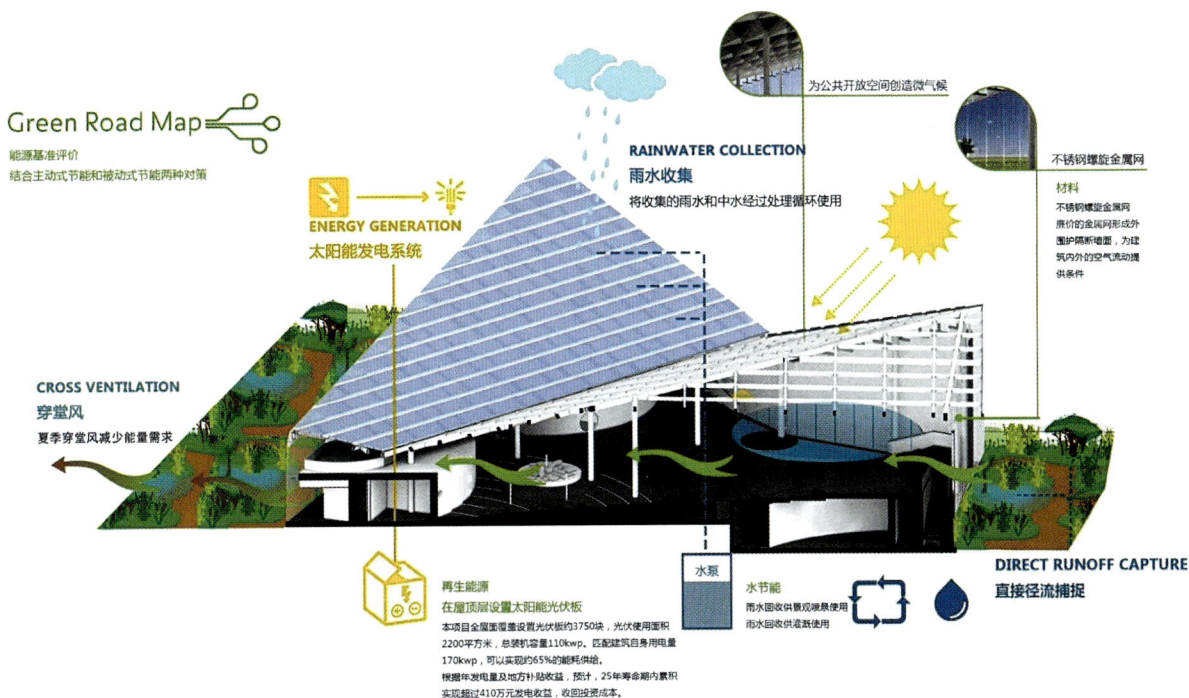

Green Road Map
能源基准评价
结合主动式节能和被动式节能两种对策

ENERGY GENERATION
太阳能发电系统

RAINWATER COLLECTION
雨水收集
将收集的雨水和中水经过处理循环使用

为公共开放空间创造微气候

不锈钢螺旋金属网
材料
不锈钢螺旋金属网
廉价的金属网形成外围护隔断墙面，为建筑内外的空气流动提供条件

CROSS VENTILATION
穿堂风
夏季穿堂风减少能量需求

再生能源
在屋顶层设置太阳能光伏板
本项目全屋面屋盖设置光伏板3750块，光伏使用面积2200平方米，总装机容量110kwp。匹配建筑自身用电量170kwp，可以实现约65%的能耗供给。根据年发电量及地方补贴收益，预计，25年寿命期内累积实现超过410万元发电收益，收回投资成本。

水景

水节能
雨水回收供景观喷泉使用
雨水回收供灌溉使用

DIRECT RUNOFF CAPTURE
直接径流捕捉

图 4-2 上海临港星空之境海绵公园（2）

1 场地现状
原生芦苇荡是场地重要的生态特征，设计的出发点就是在尽量减少干预环境的条件下做出设计策略

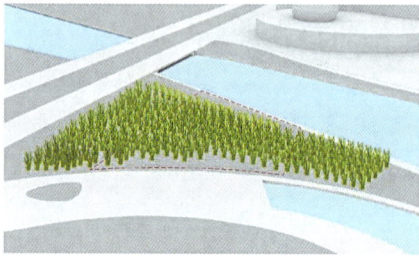

2 功能体量
根据任务书要求，建筑需要占据1800平方米绿植用地以承载园区游客接待功能

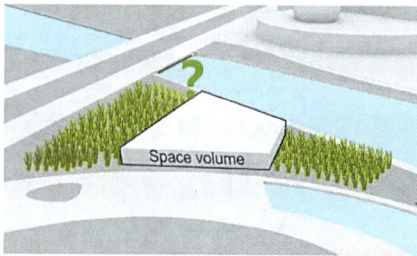

Space volume

3 悬浮·自然渗入
将建筑抽象为遮阳挡雨的漂浮屋面，悬浮于自然环境之上，外部景观与气流渗入建筑

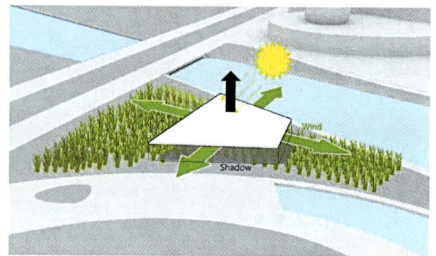

4 折叠·雨水收集
建筑屋顶根据河道与道路不同景观环境起伏折叠，折纸屋面同时组织排水路径分区。

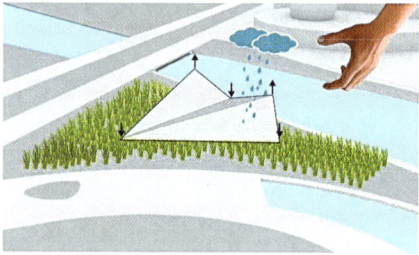

5 光伏·能源供给
通过全屋顶光伏覆盖实现光伏年发电量4.63万kWp，根据建筑预估年负荷4.34万kWp，可实现107%能源供给。

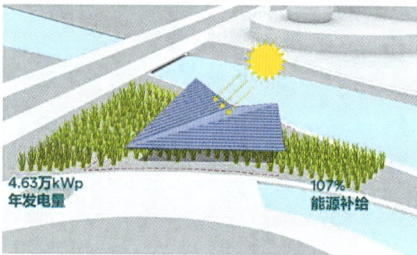

4.63万kWp
年发电量

107%
能源补给

6 压缩·用能空间
将公共休息、问询等空间室外化，仅在办公室及智慧中心内部设置空调，大幅降低用能空间面积。

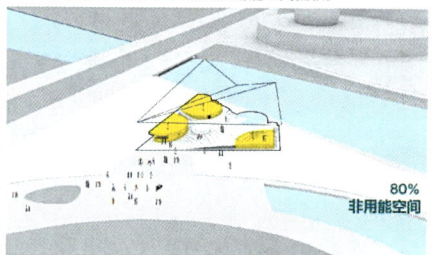

80%
非用能空间

图 4-3　上海临港星空之境海绵公园（3）

光伏发电屋面
Photovoltaic roof

钢结构支撑体系
steel structure

金属网维护幕墙
Metal mesh maintenance

起伏地表
Undulating ground

图 4-4　上海临港星空之境海绵公园（4）

4.1　低碳理念概述

4.1.1　低碳城市的定义

1. 低碳城市的特征与目标

低碳城市是指在城市规划、建设和管理过程中，致力于减少温室气体排放，提升资源利用效率，促进可持续发展的城市形态。

（1）低碳城市的特征主要体现在以下几个方面：

①资源节约型：低碳城市强调资源的高效利用，通过技术创新和管理优化，实现能源的节约和资源的循环利用。城市内的各类设施和服务都应以节能为导向，减少对自然资源的消耗。

②环境友好型：低碳城市注重生态环境的保护与改善，努力降低对环境的负面影响。通过植被覆盖、生态修复等手段，提升城市的生态服务功能，改善居民的生活质量。

③低碳交通：低碳城市倡导绿色交通方式，鼓励使用公共交通、非机动交通和步行，减少对机动车的依赖。通过完善的交通网络和基础设施，降低交通运输过程中的碳排放。

④智能管理：低碳城市利用信息技术和智能系统，提升城市管理的效率和灵活性。通过数据分析

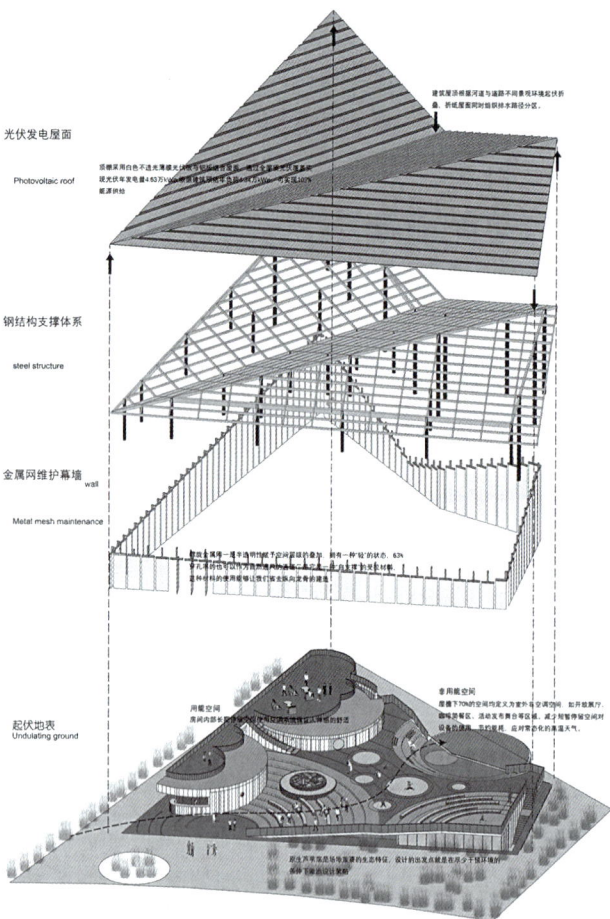

和实时监控，实现对能源和资源的优化配置，提升城市的可持续发展能力。

（2）低碳城市的目标是实现经济、社会和环境的协调发展，推动城市的可持续转型。具体而言，低碳城市旨在：

①降低城市的碳排放量，减少温室气体的排放总量。

②提升城市的资源利用效率，推动经济的绿色发展。

③增强城市的生态系统服务能力，提高居民的生活质量。

④促进社会的公平与包容，增强社区的凝聚力和参与感。

例如，位于巴厘岛乌布的 Sharma Springs 民宿是一处令人叹为观止的生态度假胜地。这座以竹子为主要建筑材料的民宿不仅展现了精湛的设计工艺，还通过一系列可持续实践，展示了人与自然和谐共处的可能性（见图 4-5）。

Sharma Springs 的建筑设计充分体现了低碳环保的理念。民宿采用竹子作为主要建筑材料。竹子是一种能快速生长的可再生资源，具有极低的碳足迹。相比传统的钢筋混凝土，竹子的生产和加工过程对环境的影响更小。此外，竹子经过化学和炭化处理后，能够有效抵御虫害和霉菌，确保其耐久性。建筑设计中融入了自然通风和采光的理念，大幅减少了对空调和人工照明的依赖。开放式结构使得自然空气更易流通，营造出舒适的室内环境，同时减少了能源消耗。雨水收集和废水处理系统的应用，更加提升了水资源的利用效率（见图 4-6～图 4-9）。

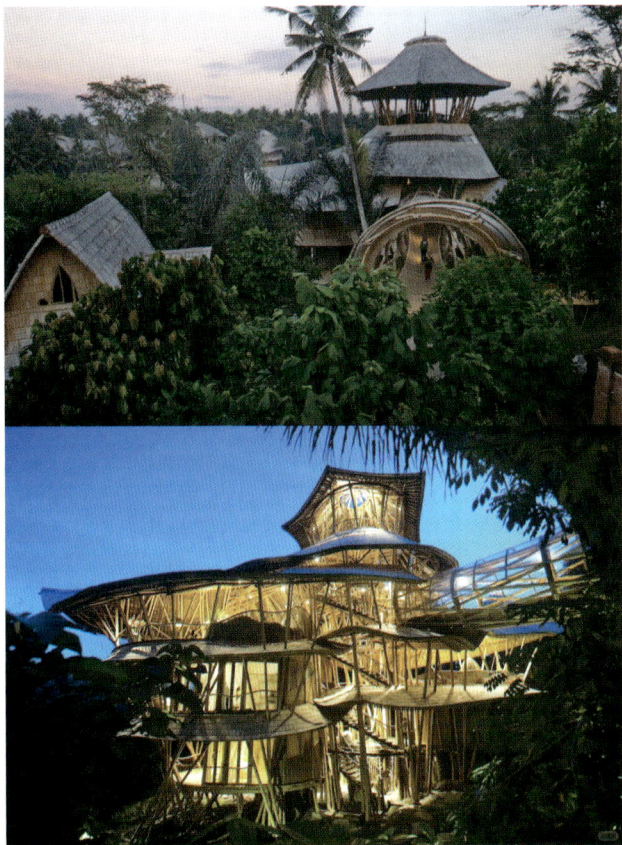

图 4-5　低碳的极致：Sharma Springs（1）

2. 低碳理念的起源与发展

低碳理念是在全球气候变化的背景下产生的。随着温室气体排放问题日益严重，国际社会逐渐认识到采取有效措施应对气候变化的重要性。低碳理念的发展经历了以下几个阶段。

（1）初期阶段：20 世纪 70 年代至 90 年代，全球范围内开始关注能源危机和环境污染问题，低碳理念逐渐形成。此时期，各国开始探索可再生能源

图 4-6　低碳的极致：Sharma Springs（2）

图 4-7　低碳的极致：Sharma Springs（3）

图 4-8　低碳的极致：Sharma Springs（4）

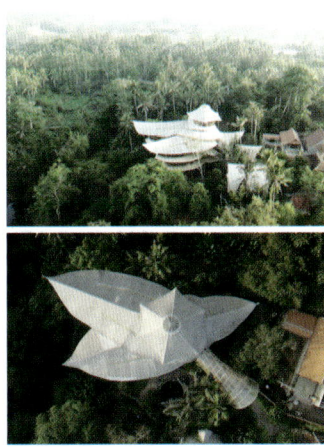

图 4-9　低碳的极致：Sharma Springs（5）

的开发和利用，提出了节能减排的基本概念。

（2）发展阶段：进入21世纪后，随着全球气候变化问题的加剧，低碳理念得到了更广泛的关注。1997年，《京都议定书》的签署标志着国际社会在减排方面达成了共识，各国纷纷制定了减排目标和相关政策。

（3）深化阶段：近年来，低碳理念已经从单纯的减排目标，向全面的可持续发展目标转变。各国在城市规划、交通运输、建筑设计等领域，积极推动低碳技术和管理模式的应用，形成了低碳经济的整体框架。

（4）未来展望：随着科技的进步和社会的不断发展，低碳理念将继续发展，未来的低碳城市将更加注重智能化和数字化的应用，推动城市的绿色转型和可持续发展。

4.1.2 低碳园林的概述

1. 低碳园林的定义与重要性

低碳园林是指在园林设计与管理过程中，充分考虑保护生态环境和节约资源，以减少碳排放为目标的园林形式。低碳园林的定义可以从以下几个方面进行理解。

（1）生态优先：低碳园林强调生态系统的功能，通过选择适应性强的本土植物，增强园林的生态适应性和生物多样性。合理的植物配置能够改善土壤质量，促进水循环，增强园林的生态服务功能。

（2）节能环保：低碳园林在设计中采用节能的设计方案与技术，如利用自然通风和采光设计，减少电器照明和空调的使用。在材料选择上，优先考虑可再生材料，降低资源消耗与废弃物产生。

例如，"会来电"的街角空间站（口袋公园），如图4-10～图4-13所示。其设计理念围绕"艺术、再生、互动"展开，将艺术趣味、科普展示、公众互动融合在一个小微绿地，为城市再造一个美好的微景观。其设计特色集中表现在以下3点：

①低碳节能：利用绿意萌动的叶子装置、装载几块太阳能发电光伏板，将光能直接转变为电能，满足场地夜间景观照明、手摇互动充电及市民手机缺电的不时之需。

②趣味科普：以儿童的视角，打造尺度友好、

游戏友好的手摇发电互动装置，让孩子们感受蓄电的过程，体验发电的乐趣，激发孩子们的学习兴趣和求知欲，让孩子们学科学、爱科学。

③最大限度的旧物利用：将与电相关的生活旧物通过艺术化、趣味化的处理，转变为可观赏，可触摸的景观元素。

图4-10　街角空间站鸟瞰图

图4-11　街角空间站节点效果图

图4-12　角空间站休憩广场

图 4-13　街角空间站之手摇发电器

（3）社会参与：低碳园林的建设离不开社会的广泛参与。通过公众教育与参与，促进居民对园林的保护与管理，形成良好的社会氛围。社区居民的参与能够增强他们对低碳理念的认知与理解，提高园林设计的适应性与实用性（见图 4-14）。

图 4-14　街角空间站之社会参与

低碳园林的重要性体现在以下几个方面。

（1）生态服务功能：低碳园林通过植被覆盖和生态修复，提升城市的生态服务功能，改善空气质量，降低城市热岛效应。

（2）资源节约与循环利用：低碳园林强调资源的高效利用，通过雨水收集、生态灌溉等措施，减少对市政供水的依赖，降低水资源的浪费。

（3）提升居民生活质量：低碳园林为居民提供良好的休闲空间和生态环境，提升居民的生活质量和幸福感。

例如，日晖绿地口袋公园改造项目位于上海市徐汇区日晖社区内，距离最近地铁站约 400m，距离日晖港 1.5km，在此改造项目中，优先考虑低碳和高碳汇策略，以支持国家的"碳中和"目标。保留了场地内的 237 株乔木，并引入了高碳汇植物，如月季、春鹃、德国鸢尾和蓝雪花，以减少草花使用并形成四季有花的景观。这些植物不仅美化了环境，还通过增加土壤有机质和落叶还土，将土壤固碳能力提高至 6.63 吨。

公园核心构筑物配备了光伏板，打造了一条零碳体验环，展示了绿色能源的利用。公园的设计注重提供具有降温效益的植物群落和舒适的休憩设施，增强了社区连通性，提升了户外空间的吸引力和承载力，同时减少了室内电器的使用。此外，还计划通过室内外的低碳设计，联动周边学校和社区，开展低碳科普活动和"双碳"教育，提高公众的环保意识（见图 4-15～图 4-18）。

2. 低碳园林与传统园林的比较

低碳园林与传统园林在设计理念、功能和管理方式上存在明显的区别。两者的比较见表 4-1。

图 4-15　日晖绿地口袋公园（1）

图 4-16　日晖绿地口袋公园（2）

图 4-17　日晖绿地口袋公园（3）

图 4-18　日晖绿地口袋公园（4）

表 4-1　低碳园林与传统园林的比较

特征	低碳园林	传统园林
设计理念	生态优先、节能环保、社会参与	以美观为主，强调景观效果
植物选择	以本土植物为主，强调生态适应性	多样化植物配置，注重观赏性
资源利用	强调资源的高效利用与循环使用	资源利用率相对较低，缺乏循环意识
生态服务功能	提升生态服务功能，改善环境质量	主要关注景观效果，生态功能弱
社会参与	强调社区参与与公众教育	社区参与较少，管理多由专业机构负责

通过上述比较可以看出，低碳园林在设计理念上更加注重生态环境的保护与资源的节约，强调生态服务功能和社会参与。随着全球对可持续发展的重视，低碳园林将成为未来园林设计的重要方向。

总之，低碳理念的提出与发展为城市和园林的可持续发展提供了新的思路和方法。低碳城市和低碳园林的建设不仅有助于减少温室气体排放，改善生态环境，还能提升居民的生活质量。通过对低碳理念的深入理解和应用，未来的城市和园林将更加注重生态平衡、资源节约和社会参与，为实现可持续发展目标贡献力量。

4.2　低碳园林植物景观设计原则

4.2.1　生态优先原则

生态优先原则在低碳园林设计中占据核心地位，强调植物的选择与配置应以生态系统的功能为导向。选择本土植物是实现这一原则的重要途径。本土植物因其对当地气候、土壤和生态环境具有较好的适应性，能够更好地生存和繁衍，进而增强生态适应性，促进生物多样性。这种多样性不仅有助于维持生态平衡，还能提高生态系统的稳定性和抵御外界干扰的能力。

合理的植物配置能够改善土壤质量，促进水循环，增强园林的生态服务功能。例如，通过选择深根植物，可以有效防止土壤侵蚀；而选择具有固氮能力的植物，则能够改善土壤的养分含量。此外，植物的多层次配置（如乔木、灌木和地被植物的组合）能够提供不同的栖息环境，吸引多种动物，形成丰富的生态网络。

案例解析：新加坡滨海湾花园

新加坡的滨海湾花园是生态优先原则的成功应用案例。该项目采用了大量本土植物，设计了多样化的植物群落，以增强生态适应性和生物多样性。园区内的"云雾林"展馆，利用高科技手段模拟了山地气候，为多种高山植物提供了生存环境。这种设计不仅提升了园区的观赏性，还为生态教育提供了良好的平台，增强了公众对生态保护的认识。

擎天树（Supertree）在设计之初借鉴了热带雨林中优势树种的外形和功能，展现了低碳设计理念。这些高达 25～50m 的垂直花园不仅是滨海湾花园的标志性建筑，更是融合可持续发展理念的生态结构。18 棵擎天树中，有 11 棵具备环境可持续性功能，它们为热带攀援植物、兰科和蕨类植物提供生长空间。部分擎天树的"树冠"装有光伏电池，用于吸收太阳能供夜间照明，而另一些则与植物冷室系统相连，作为冷室的排气口。巨树的表面覆盖着多种热带藤蔓和蕨类植物，并配备了雨水收集系统，展示了环保技术的应用。夜晚，巨树群会"举行"灯光秀，优美的音乐和炫目的光芒带来一场视听盛宴，同时也传递出对生态环境的关注与珍惜（见图 4-19～图 4-22）。

4.2.2 节能环保原则

节能环保原则要求在园林设计中采用节能的设计方案与技术，以降低资源消耗和减少废弃物产生。通过利用自然通风和采光设计，可以减少人工照明和空调的使用，从而降低能耗。例如，在园林建筑中，合理的窗户设计和绿化屋顶可以有效地利用自然光，减少对电力的依赖。

在材料选择上，优先考虑可再生材料，如竹子、再生木材和环保涂料等，这不仅降低了资源消耗，还减少了施工过程中的废弃物产生。此外，采用雨水收集系统和生态灌溉技术，可以有效利用自

图 4-19　新加坡滨海湾花园（1）

图 4-20　新加坡滨海湾花园（2）

图 4-21　新加坡滨海湾花园（3）

图 4-22　新加坡滨海湾花园（4）

然水资源，减少对市政供水的依赖。

案例解析：NOT A HOTEL 石垣岛度假别墅

NOT A HOTEL 石垣岛度假别墅是藤本壮介建筑事务所与 NOT A HOTEL 团队合作的一个创新项目，该项目位于日本冲绳石垣岛的西南海岸。

该别墅通过布满绿植的起伏屋面和巨大的绿色屋顶，将建筑与自然环境紧密相连，创造出流动的生态循环。这种设计不仅美化了建筑外观，还增强了建筑与自然的和谐共生。

设计中摆脱了定向思维的束缚，创造出一种有机的建筑形态。这种形态不需要定义正面或背面，而是向周边各个方向开放，消除了内外之间的界限。通过巨大的向下倾斜到地板水平的缓坡绿色屋顶，人们可以从内部走到被草地覆盖的屋顶处，这

种设计使建筑与自然的边界变得模糊，创造出宛如画中的天空风景（见图 4-23～图 4-26）。

图 4-23　NOT A HOTEL 石垣岛度假别墅（1）

图 4-24　NOT A HOTEL 石垣岛度假
别墅（2）

图 4-25　NOT A HOTEL 石垣岛度假
别墅（3）

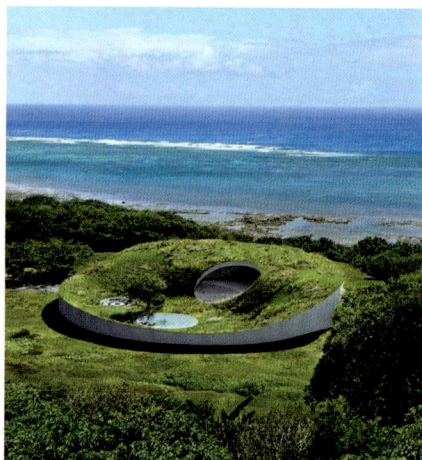

图 4-26　NOT A HOTEL 石垣岛度假
别墅（4）

4.2.3　社会参与原则

低碳园林的建设离不开社会的广泛参与。社区居民的参与不仅能够增强他们对低碳理念的认知与理解，还能提高园林设计的适应性与实用性。通过公众教育与参与，促进居民对园林的保护与管理，形成良好的社会氛围。

社区参与的形式多种多样，包括组织志愿者活动、开展生态教育项目、举办园艺培训等。这些活动不仅能够增强居民的环保意识，还能提高他们对园林的归属感和责任感。通过建立社区花园或共享绿地，居民能够共同参与园林的维护与管理，形成良好的社会互动（见图 4-27～图 4-30）。

案例解析：美国旧金山南花园

南花园（South Garden）是旧金山一处独特的城市绿地，它融合了历史与现代的设计理念，成为居民社交与休闲的重要场所（见图 4-31～图 4-34）。通过步道、娱乐设施和生态植被的布局，南花园体现了创新性与实用性。它不仅有效应对了城市化带来的挑战，还为人们提供了提升生活质量和增强社区联系的空间。下面，我们将探讨南花园的设计理念、生态价值及其对周边社区的影响。

（1）新英式花园：蜿蜒曲折的小径，穿行而过的多种娱乐休闲设计，设计师用当代设计手法很好地诠释了新英式花园。新英式花园采用蜿蜒曲折的小径和多种娱乐休闲设计，设计师运用现代设计手法淋漓尽致地诠释了传统英式花园的精髓。新的设计融合了循环的道路流线、半开放的出入口、丰富的绿植及必要的社交节点。场地规划将各个景观节点依次串联在步道上，横向道路则间歇性地跨

图 4-27　深圳零碳公园（1）

图 4-28　深圳零碳公园（2）

图 4-29　深圳零碳公园（3）

图 4-30 深圳零碳公园（4）

图 4-31 旧金山南花园俯瞰图

图 4-32 旧金山南花园娱乐设施

越，游人漫步在五彩斑斓、繁茂的耐旱植物之间。公园内及步行道两侧分布了不同层次的社交节点。而在其中一个节点空间上，设置了一个巨大的环形波动装置，为花园的休闲空间增添了更多趣味。

（2）一系列矮墙环绕公园外围建设，它不仅限定了公园的外部边界，为公园内部提供必要的遮挡和维护，也为行人提供了临时休憩之所。公园的路径系统由构造简单且易于变换的结构部件组成，这使得场地环境可以根据现场条件进行多样化转变。

（3）在处理污水与交通方面，该景观还实现了该区的无信号灯交通管控，处理了步行交通的交通问题，并以生态渗透的方式处理了污水排放及处理问题。该设计采用系统化的城市分析方法对土地利用，环流模式，植被现状和污水系统进行分析，并采用模块化可膨胀的地面铺装，大型坡地草坪，植被渗透盆地和种植场地四个紧密相关的设计元素，实现南花园的美丽景观规划。

通过对以上三个原则的详细阐述和实际案例分析，读者能够更好地理解低碳园林植物景观设计的重要性及其在实际应用中的效果。这些原则不仅为园林设计提供了指导思想，也为实现可持续发展目标奠定了基础。

图 4-33 旧金山南花园休憩区

图 4-34 旧金山南花园平面布置图

4.3 低碳园林设计策略

4.3.1 植物选择与配置

在低碳园林设计中，植物的选择与配置至关重要。植物不仅是园林的主要组成部分，更是生态系统的重要组成元素。选择适宜的植物和合理的配置方式，可以显著提升园林的生态功能，降低维护成本。

首先，本土植物因其适应性强、养护成本低、成为优先选择的对象。本土植物通常与当地的气候、土壤和生态环境相适应，能够在较少的水分和养分条件下生存，减少了对外部资源的依赖。例如，在中国北方地区，选择常见的本土植物如白杨、榆树等，不仅能有效减少水资源的消耗，还能吸引本地的鸟类和昆虫，促进生物多样性。

其次，设计中应考虑植物的多样性，以增强生态系统的稳定性与抵御外界干扰的能力。多样化的植物配置能够形成良好的生态网络，促进生物多样性。例如，在某些城市公园中，通过引入不同层次的植物（如乔木、灌木和地被植物），可以创造多样化的栖息环境，吸引多种生物栖息和繁衍，从而提升整个生态系统的稳定性。

此外，合理的植物配置还应考虑植物的生长特性和空间需求。通过科学的布局，可以最大限度地利用空间，减少植物之间的竞争，提高生长效率。例如，利用高大的乔木提供阴影，同时在其下方种植喜欢阴湿环境的灌木和地被植物，可以形成层次丰富的景观，提升园林的美观性和生态效益。

案例解析：北京奥林匹克森林公园

北京奥林匹克森林公园是一个成功的低碳园林设计案例。该公园在植物选择上，优先考虑本土植物，结合了多样的植被类型，如乔木、灌木和草本植物，形成了丰富的生态系统。公园内的设计不仅为鸟类和昆虫提供了栖息环境，还通过植被的多样性增强了生态系统的稳定性，降低了外界的影响。通过科学的植物配置，公园实现了美观与生态功能的完美结合。

在公园的湖泊设计中，设计师运用流体力学的原理，模拟自然界的河流走向，创造出弯曲有致的湖岸线。这不仅增强了湖泊的美观性，还模拟了自然界的生态系统，为各种生物创造了适宜的生存环境。

在森林覆盖区域，物理学同样发挥了重要作用。树木的生长需要合适的土壤、水分和阳光等条件。设计师通过深入了解树木的生长规律，合理规划树木的种植位置和密度，确保每一棵树都能得到充足的生长资源。

综上所述，奥林匹克森林公园的设计理念和实践充分展示了物理学与自然和谐共生的可能。这为城市公园的设计提供了有益的借鉴，为人与自然和谐共生的未来描绘了一幅美好的蓝图（见图4-35～图4-38）。

4.3.2 水资源管理

水资源的有效管理是低碳园林设计的重要组成部分。随着城市化进程的加快，水资源的短缺问题日益严重，因此，在园林设计中，合理的水资源管理显得尤为重要。

通过雨水收集与利用系统，能够有效减少对市政供水的依赖。设计中可以设置雨水收集池、渗透性铺装等设施，将雨水引导至植物根系附近，这种设计既能为植物提供必要的水分，又能减少地表径流，降低城市洪涝风险。

例如，在景观设计中，"海绵城市"这一概念更多地用于"低影响开发雨水系统"（见图4-39～图4-42）。

图4-35　北京奥林匹克森林公园（1）

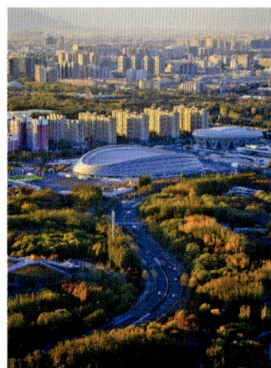

图4-36　北京奥林匹克森林公园（2）

图4-37　北京奥林匹克森林公园（3）

图4-38　北京奥林匹克森林公园（4）

图 4-39　海绵城市设计思路　　图 4-40　海绵城市系统排放原则

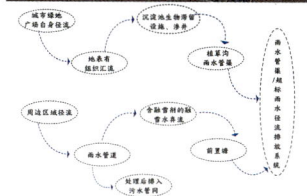

图 4-41　海绵城市生态优先原则　　图 4-42　海绵城市主要作用

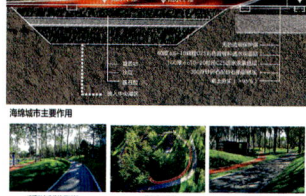

1. 立体海绵城市的理念

立体海绵城市强调提高城市的绿化率和开放空间比例。通过增加植被覆盖面积和湿地面积，我们能提供更多的自然生态系统，进而增强城市的生态多样性和生态功能。同时，立体海绵城市还利用绿色屋顶和垂直绿化等方法，降低城市的热岛效应，进一步改善城市的气候环境。

2. "海绵城市"的建设

在海绵城市的建设中，"滞"是一个关键策略。它能够延缓雨水径流峰值的到来，降低排水强度，从而有效缓解内涝灾害的风险。为实现这一目标，我们主要建设了下凹式绿地、植草沟、雨水花园、调蓄池等"容器"。

3. 海绵城市的设计思路

海绵城市动画
原理解析

①雨水的收集和利用。通过建设雨水花园、雨水收集池等设施，我们可以将雨水用于灌溉、冲洗等，从而实现雨水的利用，减少雨水的径流。

②蓄水设施的建设。例如地下蓄水池、雨水花园等，它们可以储存雨水，实现慢排放，进一步减少洪涝风险。

③绿色屋顶和墙面的设计。在建筑设计中，我们应充分考虑水资源的合理利用和管理。例如，通过收集和利用雨水、灰水回用等方式，我们可以实现水资源的最大化利用。

④绿色屋顶和墙面可以增加城市的植被覆盖率，从而减少雨水的径流。这些设计还能为建筑物增添生态功能，提供自然的降温和保湿效果。

⑤湿地治理也是关键的一环。通过建设湿地公园和湿地过滤设施，我们可以利用湿地植物的吸收和生物降解等功能，净化污水和雨水。这不仅能增加城市的绿化面积，还能提高城市的生态容量和自然防御能力。

⑥通过合理规划植被和湿地等，我们还能利用自然的过滤和净化功能，进一步改善空气和水的质量。

设计中应考虑湿地系统的引入，以增强水体的自净能力，改善园林的水质。湿地不仅能够过滤水中的污染物，还能为多种水生生物提供栖息环境，提高园林的生态价值。通过建设人工湿地，能够有效改善园林内的水质，保持水体的生态平衡（见图 4-43～图 4-46）。

⑦硬质铺装与透水铺装的结合也是重要的设计思路。

采用生态灌溉技术，能够提高水资源的利用效率，减少水资源的浪费。例如，滴灌系统可以将水分直接输送到植物根部，减少水分的蒸发和渗漏损失。此外，利用湿润的土壤和覆盖物，可以有效保持土壤水分，减少灌溉频率。

案例解析：G60 科创云廊世博公园

G60 科创云廊世博公园，一个将艺术与自然完美融合的生态绿地，是水资源管理的典范。该项目通过设置雨水收集系统，将雨水引导至植物根系，为园区内的植物提供必要的水分，减少了对市政供水的依赖。同时，园区内还引入了湿地系统，增强了水体的自净能力，改善了水质。通过这种方式，园区不仅实现了水资源的有效管理，还提升了整体的生态环境质量，为游客提供了良好的游览体验（见图 4-47～图 4-50）。

图 4-43　北京野鸭湖湿地自
　　　　然保护区（1）

图 4-44　北京野鸭湖湿地自
　　　　然保护区（2）

图 4-45　北京野鸭湖湿地自
　　　　然保护区（3）

图 4-46　北京野鸭湖湿地自
　　　　然保护区（4）

图 4-47　G60 科创云廊世博
　　　　公园（1）

图 4-48　G60 科创云廊世博
　　　　公园（2）

图 4-49　G60 科创云廊世博
　　　　公园（3）

图 4-50　G60 科创云廊世博
　　　　公园（4）

4.3.3　废弃物管理

　　在低碳园林设计中，废弃物管理同样不可忽视。随着城市绿化面积的增加，绿化废弃物的产生量也在不断上升，因此，合理的废弃物管理策略能够有效减少资源浪费，提升园林的可持续性。

　　通过对废弃物的再利用，如堆肥化处理，不仅能减少废弃物的产生，还能为植物提供良好的生长土壤。堆肥化处理可以将园林内的修剪废弃物、落叶等有机物转化为肥料，减少对化肥的依赖，提升土壤的肥力和结构。

　　同时，园林设计中应考虑垃圾分类与资源回收的措施，促进园林的可持续发展。通过设置分类垃圾箱，引导游客进行垃圾分类，减少可回收物品的浪费。此外，可以在园林内设置专门的回收站，鼓励游客将可回收物品投放到指定地点，形成良好的资源回收循环（见图 4-51～图 4-54）。

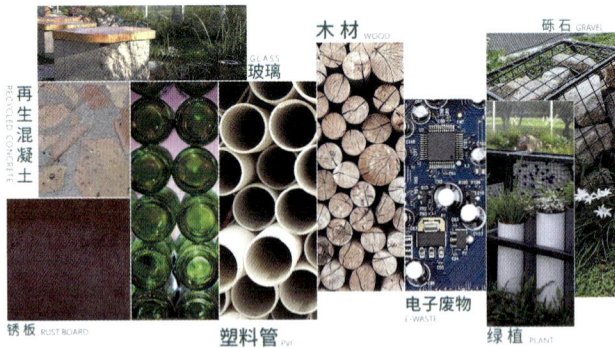

图 4-51　无废智能生态岛（1）

图 4-52　无废智能生态岛（2）

图 4-53　无废智能生态岛（3）

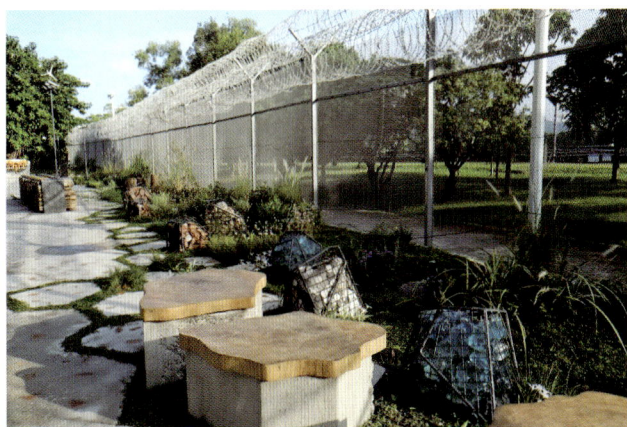

图 4-54　无废智能生态岛（4）

案例解析：深圳的"城市森林"项目

深圳的"城市森林"项目是废弃物管理的成功案例。该项目通过对城市绿化废弃物的集中收集和堆肥处理，不仅有效减少了废弃物的产生，还为周边的社区提供了优质的堆肥，促进了植物的生长。居民可以参与堆肥的制作，增强了他们的环保意识和参与感。这一项目不仅提升了园林的可持续性，还促进了社区的生态文明建设（见图 4-55）。

图 4-55　万科广场：城市森林

总之，在低碳园林设计中，植物选择与配置、水资源管理和废弃物管理是三个重要的策略。通过合理的植物配置，可以提升生态系统的稳定性和生物多样性；通过有效的水资源管理，能够减少对市政供水的依赖，提升水资源的利用率；通过科学的废弃物管理，能够减少资源浪费，促进园林的可持续发展。结合实际案例的分析，这些策略的实施不仅有助于实现低碳园林的目标，还能提升居民的生活质量和生态环境的整体水平。

4.4　案例赏析

4.4.1　构建未来：崇明城桥新城的被动式零碳社区

随着全球气候变化的加剧，城市可持续发展成为当今社会的重要议题。在这一背景下，崇明城桥新城的被动式零碳社区应运而生，它致力于通过高效的节能技术和对可再生能源的利用，实现零能耗、零需水和零排放的目标。这一社区的设计理念和实践为我们展示了未来城市发展的新方向（见图 4-56）。

图 4-56　崇明城桥新城社区鸟瞰图

1. 设计理念：人与自然和谐共生

被动式零碳社区的设计理念根植于崇明的自然气候和传统文化，强调人与自然的和谐共生。设计团队通过深入研究当地气候条件，结合国际先进的生态经验，创造出一个绿色、健康的居住环境。社区的规划不仅关注建筑本身的节能，还注重生态环境的保护与提升，力求在满足居民生活需求的同时，最大限度地减少对自然资源的消耗（见图 4-57）。

图 4-57　阶梯湿地

2. 节能措施：利用自然资源

在被动式零碳社区中，节能措施贯穿于整个设计过程。首先，社区充分利用太阳能、风能和雨水循环系统，减少对传统能源的依赖。公共建筑屋顶安装太阳能装置，每年可产生约 250 万千瓦时电，显著降低碳排放。此外，设计中采用了被动式节能技术，如中空玻璃保温墙体和屋顶绿化等，进一步降低建筑能耗，提升居住舒适度（见图 4-58）。

图 4-58　屋顶太阳能装置

3. 社区布局：鼓励绿色出行

为了鼓励居民实践低碳生活方式，社区内设施集中设置，形成紧凑布局，鼓励步行和非机动出行。设计团队规划了连续的步行道和自行车道，提升居民的出行体验。社区内还设有共享自行车停靠点和绿色街道，方便居民在日常生活中选择低碳出行方式（见图 4-59、图 4-60）。

图 4-59　低碳出行（1）

图 4-60　低碳出行（2）

4. 生态设计：增强生物多样性

被动式零碳社区在生态设计上也下足了功夫。通过绿道、雨水花园等景观设计，增强生态环境，促进生物多样性。社区内设置了候鸟栖息公园和自然教育中心，为动植物提供栖息空间，形成良好的生态系统。此外，设计中还考虑了雨水的收集与利用，增强水的自我循环能力，提升社区的生态韧性（见图 4-61）。

图 4-61　生物多样性：共栖环境

5. 垃圾处理：倡导低碳生活

在垃圾处理方面，社区实施了垃圾分类和回收机制，倡导低碳生活，提升居民的环保意识。通过建立垃圾分类利用奖励机制，鼓励居民积极参与垃圾分类。社区内设有闲置物品交易中心，促进资源的循环利用，减少环境污染（见图4-62、图4-63）。

图 4-62　可再生和可回收的材料

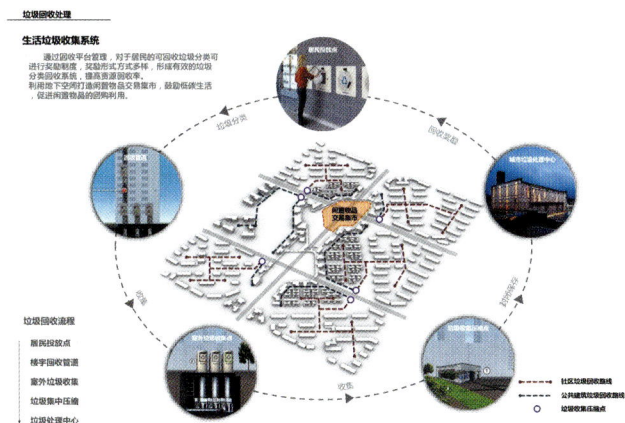

图 4-63　生活垃圾收集系统

6. 教育与共享：促进社区互动

被动式零碳社区还注重教育与共享，设立了青少年自然科普中心和公共活动空间，促进社区居民的互动与资源共享。这不仅提升了居民的环保意识，还增强了社区的凝聚力（见图4-64）。

总之，崇明城桥新城的被动式零碳社区是一个以可持续发展为核心的社区设计范例。通过生态友好的设计理念、节能措施和社区互动，展示了未来城市发展的新方向。这样的社区不仅为居民提供了良好的生活环境，还为应对全球气候变化贡献了力量。未来，随着更多类似项目的实施，我们有理由相信，绿色、低碳的生活方式将成为城市发展的主流（见图4-65~图4-68）。

图 4-64　邻里中心建筑设计

图 4-65　零能耗的通风系统

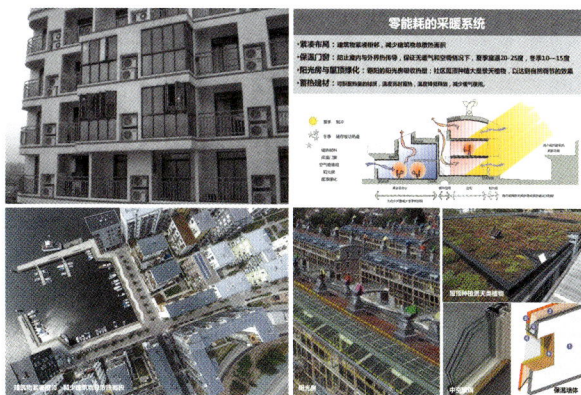

图 4-66　零能耗的采暖系统

图 4-67　零排放的能源系统

图 4-68　循环利用的节水系统

4.4.2 深圳国际低碳城：绿色建筑的先锋示范

在全球应对气候变化的背景下，我国提出了"3060"双碳战略目标，旨在到 2030 年前达到碳排放峰值，并力争在 2060 年前实现碳中和。深圳国际低碳城作为这一战略的重要实践项目，致力于成为未来先进减排应用的示范中心，展示低碳建筑的创新理念和技术应用。

1. 项目概况

深圳国际低碳城位于龙岗区，作为低碳城市的缩微示范，项目不仅提供了办公、研发、交流、餐饮、娱乐和住宿等多功能空间，还形成了一个具有活力的 10 分钟生活圈低碳社区。该项目以其高标准的设计和建设，力求实现零能耗和近零能耗的建筑群，成为国内首个零能耗场馆类建筑示范。

2. 低碳目标与路径

项目的低碳目标明确，旨在通过一系列创新措施和技术手段，减少碳排放，提升资源利用效率（见图 4-69）。

图 4-69　低碳路径

具体路径如下：

（1）清洁能源系统：采用高转换率的光伏板、光电幕墙系统和光储充电桩系统，结合高效逆变器和储能系统，最大化利用太阳能，实现建筑自给自足的能源供应（见图 4-70～图 4-75）。

图 4-70　清洁能源系统（1）

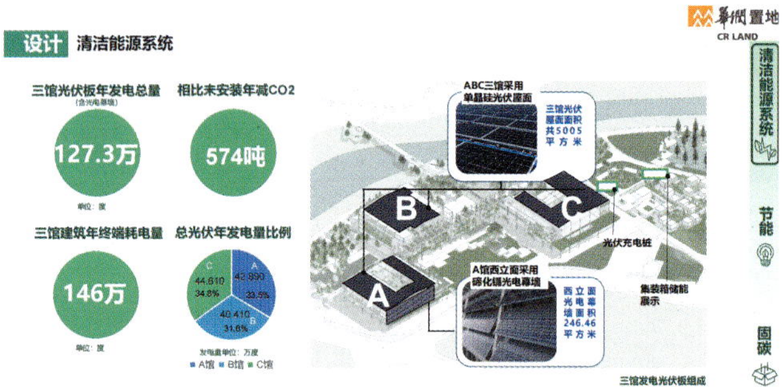

图 4-71　清洁能源系统（2）

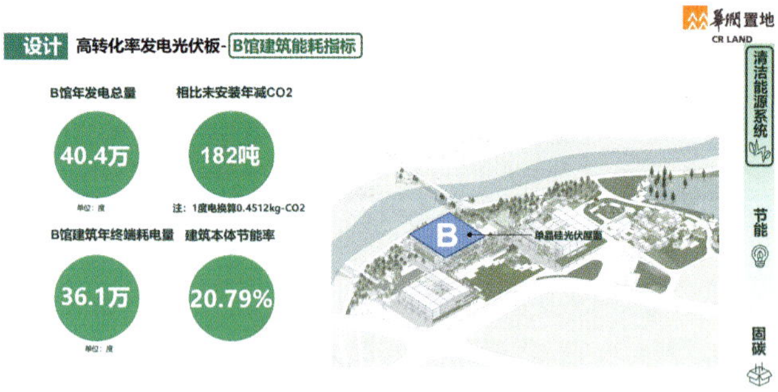

图 4-72　清洁能源系统（3）

图 4-73 清洁能源系统（4）

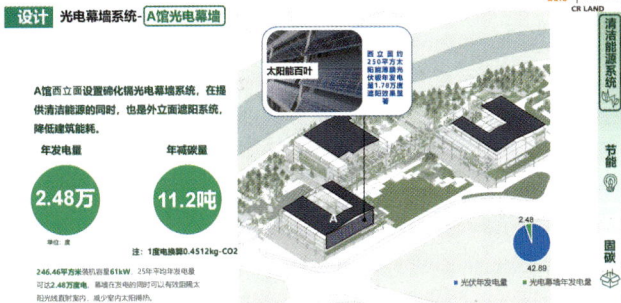

图 4-74 清洁能源系统（5）

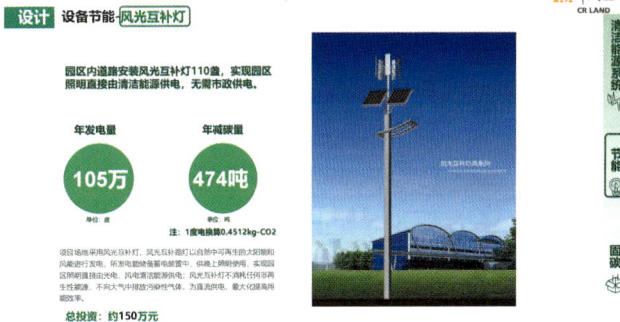

图 4-75 清洁能源系统（6）

（2）节能系统：通过设备节能、智能系统节能和环境节能等措施，降低建筑的整体能耗。项目中引入了磁悬浮空调系统和智能照明控制系统，进一步提升能效（见图 4-76～图 4-81）。

图 4-76 设备节能：磁悬浮空调主机

图 4-77 慢速风扇系统

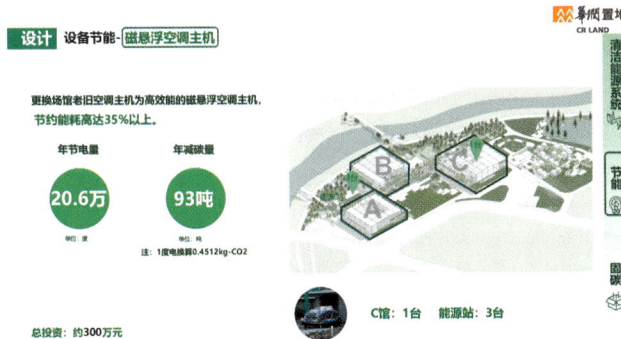

图 4-78 节能设备：风光互补灯

图 4-79 建造节能：设计节材

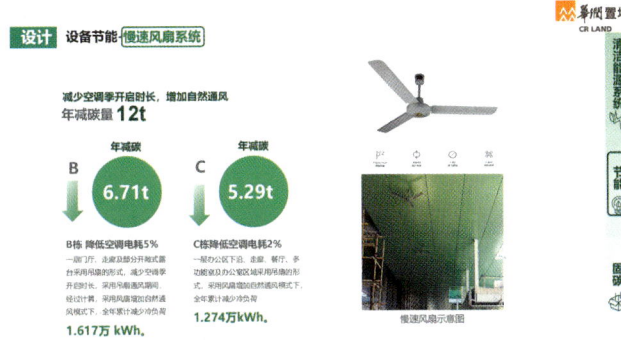

图 4-80 环境节能：海绵城市

图 4-81 水资源利用节能

（3）固碳技术：项目中设置了微藻氧吧和垂直绿化，利用植物的固碳特性，改善城市环境质量，提升生态效益（见图 4-82）。

3. 可推广技术

深圳国际低碳城的成功经验为其他城市的绿色建

设计　园区绿化

空中廊桥、场地绿化等多层次立面绿化，智能养护，生态固碳

绿地总面积38648m²

固碳 ↓ 7.54t CO₂

注：单位增地面积年固CO₂量化碳排放量1.951tCO₂/公顷
依据《广东省市县（区）级温室气体清单编制指南（试行）》

图 4-82　固碳技术

筑提供了可借鉴的技术和模式。项目中应用的 13 项关键技术和 120 项通用推广法则，涵盖了从建筑材料、施工工艺到运营管理的各个方面。这些技术不仅在国内处于领先地位，更在国际上具有一定的先进性。

例如，项目中采用的光进铜退原则，通过人工智能技术提高设备运行效率，减少资源浪费。同时，智能系统的引入，如空调预约和光感窗帘等，提升了用户体验，降低了能耗。

总之，深圳国际低碳城的建设不仅是对国家"双碳"战略的积极响应，更是对未来城市可持续发展的探索。通过整合清洁能源、节能技术和固碳措施，该项目展示了低碳建筑的广阔前景和可行路径。未来，深圳国际低碳城将继续发挥示范作用，推动更多城市向绿色低碳转型，为实现全球气候目标贡献力量（见图 4-83、图 4-84）。

总结　要点及路径-120项技术

土地利用	物理环境	绿色交通	雨水收集	能源综合利用	围护结构	空调系统	节能照明系统
混合规划	水量平衡	电动车	雨水集蓄利用	智能微网系统	屋顶隔热	高能效水源热泵	智能照明、LED
场地微生态保护与维护	室外热环境改善	充电设施	浅池湾	太阳能光伏	外墙隔热	蓄能系统主机	智能照明控制
地下空间利用	室内外环境改善	自行车及步行系统	雨水过滤	离网光伏逆变器	刚性屋面板	环保制冷剂	节能楼梯
生物多样性保护	室外风环境改善	智能便捷交通保障系统	雨水入渗	光伏储能系统	内墙隔热	水蓄冷	节能变压器
	室内声环境改善	风光互补灯	人工湿地	光伏储能系统	外墙防水层	蓄冷式空调系统	
					外遮阳平时控制系统	智能通风系统	计量及监测

绿化景观	公共设施	中水处理
本土物种栽培	社区资源共享	MBR中水系统
乔灌草复层绿化	无障碍设施	
屋顶绿化		
透水地面		

图 4-83　要点及路径-120 项技术（1）

总结　要点及路径-120项技术

节水器具	结构体系	设计节材	热湿环境	声环境	信息系统	体验展示	运营管理
直饮水系统	钢结构体系	整体厨卫	室内自然通风	室内声环境	智能照明系统	智慧展示	垃圾分类
节水龙头	高性能钢	土建装修一体化	楼梯间自然通风	噪声控制系统	智慧园区系统	教育宣传	生活垃圾处理
节水便器	工业化建造	可扩展空间利用	中置热压通风	最大空间声环境	智能云系统	低碳展示系统	无障碍物品处理
节水淋浴	模数化设计	废弃物再利用		楼板撞击声控制	特高压保护系统		空气质量监控系统
节水绿化	可再生能源系统		光环境	管道噪声控制技术	远程会议视频会议系统		智能楼宇控制系统
市政再生水供应	功能延长		自然采光		远程访客识别系统		空调智能系统
计量水系	安全提升		导光管	空气质量	室内环境监控		
	旧建筑利用		光污染控制	室外空气质量评价	防灾报警		
				微颗粒监测	室内背景噪声控制		
				室外光污染系统	室内环境定位系统		
			生态型打水		室内环境定位系统		
			智慧光谱照明系统		碳监控系统		

图 4-84　要点及路径-120 项技术（2）

4.4.3　深圳前海桂湾公园

深圳前海桂湾公园是一个以低碳理念为核心的城市公园，旨在提升城市的生态环境和居民的生活质量。作为前海水城这座创新可持续新城打造的首个"水手指"，桂湾公园不仅是一个休闲娱乐场所，更是城市生态系统的重要组成部分（见图 4-85）。

图 4-85　深圳前海桂湾公园（1）

1. 前海水城背景

前海水城为沿海城市创造了新的形象，由五个开发区通过大型绿色"水指"相互连接。这一框架为建设更具弹性的生态城市提供了战略指导。桂湾公园是前海五个"水指"中的第一个，它结合了绿色基础设施与主动和被动休闲、生态、栖息地和文化项目，提供独特的便利设施（见图 4-86）。

图 4-86　深圳前海桂湾公园（2）

2. 公园设计与功能

桂湾公园长 2.2 公里，占地 45 公顷，设计旨在满足城市发展的需求。公园的规划考虑了西部城市环境的特点，并随着东部住宅区的发展进行了过渡。通过同步步行网络、树冠系统、湿地、运河和软地面，促进了各要素之间的互动，培育了一个综

合的生态系统（见图 4-87）。

图 4-87　深圳前海桂湾公园（3）

图 4-88 深圳前海桂湾公园（4）

3. 生态表现

桂湾公园的设计考虑了海拔变化，设有三个阶地——林地、淡水湿地和咸水湿地，以适应主干道和中央河道水位之间的变化。作为我国"海绵城市"的一部分，公园及其梯田能够吸收和处理雨水，公园年降雨量的 90% 得以有效利用，减少了72% 的面源污染。公园采用低影响开发策略进行雨水管理，设有草地、砾石洼地、雨水花园及地下蓄水池等设施。

4. 生物多样性与栖息地恢复

桂湾公园的设计融合了原生亚热带植物，沿海连续地形的构建使得红树林面积达到 51000 平方米，树种从 3 种扩展到 17 种。多样化的生活区包括森林、灌木丛、草坪、淡水湿地和咸水湿地，增加了生物多样性并创造了新的栖息地条件。该地区许多原生物种重新出现，包括苍鹭、白鹭、麻鹬、弹涂鱼和螃蟹。新湿地在第一年内吸引了 21 种大型底栖动物，为健康的海洋生态系统做出了贡献（见图 4-88）。

5. 智慧园区管理

桂湾公园采用先进的技术监测土壤参数、灌溉效能、昆虫动态、水位变化和树木生长状况，维护人员利用这些数据优化运营决策并监控公园物种的生长情况。

总之，前海桂湾公园不仅是一个生态公园，更是可持续城市发展的典范。通过蓝绿基础设施的建设和生物多样性的恢复，桂湾公园为城市的生态环境和居民的生活质量提供了重要支持，展现了未来城市公园的理想形态。

4.5　未来展望

随着全球对可持续发展和气候变化问题的关注不断加深，低碳园林的设计理念也将迎来新的发展机遇。未来，低碳园林的发展趋势主要体现在以下几个方面：

1. 智能化技术的应用

智能化技术将在园林设计中发挥越来越重要的作用。通过物联网（IoT）、大数据分析和人工智能（AI）等技术，园林设计师可以实时监测园林生态环境，分析植物生长状况，优化灌溉和施肥方案，从而实现对园林资源的高效利用。例如，智能灌溉系统可以根据土壤湿度和气象数据自动调整灌溉水量，减少水资源浪费（见图 4-89、图 4-90）。

2. 生态设计理念的深化

未来的低碳园林设计将更加注重生态系统的整体性与协调性。设计师将考虑生态网络的构建，通过增加绿地、湿地和生物廊道等元素，促进城市生态系统的健康发展。这种设计不仅有助于提升城市的生物多样性，还能增强城市的抗逆能力，抵御气候变化带来的影响。

3. 政策支持与行业标准的建立

各级政府对低碳园林的重视将推动相关政策的出台和行业标准的建立。这些政策与标准将为低碳园林的发展提供更为坚实的基础，促进绿色建筑、绿色基础设施和生态城市的建设。同时，政府的支持也将激励更多企业和设计师参与到低碳园林的实践中，形成良好的市场氛围。

图 4-89　智慧灌溉

图 4-90　全自动滴灌系统

4. 公众参与与教育

未来的低碳园林设计将更加注重公众的参与和教育。通过组织社区活动、开展环保宣传等方式，提高公众对低碳理念的认识和理解，鼓励居民积极参与园林的维护与管理。这种参与不仅能增强社区的凝聚力，还能提升居民的环保意识，形成良好的社会氛围。

虽然低碳园林设计在实际应用中取得了一定的成果，但仍面临诸多局限性，包括缺乏有效的评估机制、设计方案单一、跨学科合作不足，以及缺乏现代技术与传统知识结合。许多低碳园林设计在实施过程中缺乏及时的评估与反馈，影响了设计效果的实现。因此，未来低碳园林设计研究需建立完善的评估体系，通过定期监测及时发现问题并进行调整。同时，设计方案应更加关注可行性与适应性，结合不同城市的实际需求和生态条件，探索多样化的低碳设计策略。此外，研究还应加强生态学、植物学、城市规划等学科的跨学科合作，以形成综合性的设计方案，解决复杂的城市生态问题。技术的现代化与传统园艺知识的结合也将为低碳园林设计提供更具地方特色和生态价值的方案。

总体而言，低碳园林的发展前景广阔，但面对的挑战同样不容忽视。通过技术创新、政策支持和公众参与，低碳园林设计将更加科学、合理和可持续，为城市生态文明建设做出积极贡献。

课件

第5章 田园综合体设计

田园综合体是近年来在我国乡村振兴战略中提出的一种新型发展模式，其核心在于通过整合农业、旅游业、文化、生态等多方面资源，推动农村经济的多元化发展。随着城市化进程的加快，越来越多的人开始向往乡村生活，田园综合体应运而生。本章将深入探讨田园综合体的设计理念、规划要点、案例分析及未来发展趋势，力求为相关领域的研究者和实践者提供有价值的参考。

5.1 田园综合体的背景与理念

5.1.1 发展背景

田园综合体的理念源于对传统农业园区发展模式的深刻反思。在经济新常态的背景下，传统农业面临着转型与升级的重大挑战，同时，农村产业发展的外部环境和内部条件也发生了显著变化。随着社会资本对农业领域的关注不断提升，田园综合体应运而生，逐渐成为推动农村经济发展的重要力量。这一新模式不仅促进了农业与其他产业的融合，还为农村地区带来了新的发展机遇。

田园综合体案例
宣传片

5.1.2 理念与政策由来

2012年，田园东方的创始人张诚在北大光华

EMBA的研究项目中，发表了题为《田园综合体模式研究》的论文。在无锡市惠山区阳山镇及社会各界的大力支持下，他成功实施了第一个田园综合体项目——无锡田园东方，位于被誉为"中国水蜜桃之乡"的阳山镇。

2016年9月，中央农村工作领导小组办公室的领导在考察该项目时，对其模式给予了高度评价。随后，在2017年2月5日，基于田园东方的实践经验，"田园综合体"这一概念被正式纳入中央一号文件中。该文件指出，田园综合体模式是当前乡村发展新型产业的重要举措，强调支持有条件的乡村通过农民合作社作为主要载体，让农民积极参与并从中获益，同时集成循环农业、创意农业和农事体验等元素，通过农业综合开发和农村综合改革等渠道开展试点示范。

5.1.3 田园综合体概念辨析

1. 农业综合体

农业综合体的核心理念是以农业为主线，结合科技支持与文化创意，整合农产品加工、商贸物流、科普展示、教育培训、休闲旅游和文化创意等多种相关产业，形成一个多功能、复合型和创新性的产业综合体。这一概念不仅延续了农业园区的特点，还在此基础上实现了更高水平的升级，是现代农业园区的"进阶版"（见图5-1、图5-2）。

2. 田园综合体

田园综合体则以农业为主导，强调农民的积极

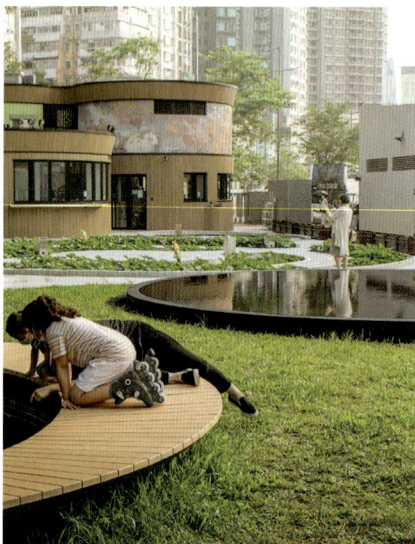

图 5-1　香港之智慧都市农场 K-Farm 坚农园（1）

图 5-2　香港之智慧都市农场 K-Farm 坚农园（2）

心。田园综合体以农业和农村用地为载体，具有功能复合、园区开发和主体多元化的特征，融合了"三生"功能，推动农村三次产业的融合，促进区域经济的转型与升级，成为一种新型的复合载体（见图 5-7～图 5-10）。

5.1.4　田园综合体的发展必然性以及建设意义

1. 发展必然性

在经济新常态下，农业的发展肩负着更多的职责：人们对农业质量的要求不断提升，既要承担保护生态的责任，又要促进农民收入的增加。传统的农业园区发展模式无法满足人们的需求，面临较大的转型压力；农村产业的内外部环境经历了深刻的变化，新兴业态和模式转型遇到了不少困难，瓶颈问题显著。农业供给侧结构性改革受到高度重视，社会资本对农业的关注度增加：越来越多的资本进入农业和农村领域，希望能够利用自身的优势，构建一二三产业融合的发展模式。（见图 5-11、图 5-12）。

参与和收益，以农业合作社作为主要建设主体，并以农业和农村用地为基础，整合工业、旅游、创意、房地产、会展、博览、文化、商贸和娱乐等三个以上的相关产业，形成一个多功能、复合型和创新型的区域经济综合体（见图 5-3～图 5-6）。

3. 田园综合体和农业综合体的区别

二者的主要区别在于概念基础。田园综合体关注乡村地域空间，而农业综合体则以产业思维为核

图 5-3　乐道景观：邛崃·丘山阅田园文化村（1）

图 5-4　乐道景观：邛崃·丘山阅田园文化村（2）

图 5-5　乐道景观：邛崃·丘山阅田园文化村（3）

图 5-6　乐道景观：邛崃·丘山阅田园文化村（4）

图 5-7　乐道景观：邛崃·丘山阅田园文化村（5）

图 5-8　乐道景观：邛崃·丘山阅田园文化村（6）

图 5-9　乐道景观: 邛崃·丘山阆田园
文化村（7）

图 5-10　乐道景观: 邛崃·丘山阆田园
文化村（8）

图 5-11　田园艺术小镇云之湾，WTD
纬图设计（1）

图 5-12　田园艺术小镇云之湾，WTD
纬图设计（2）

图 5-13　华侨城德宏生态田园康旅新城
展示中心（1）

图 5-14　华侨城德宏生态田园康旅新城
展示中心（2）

2. 建设意义

1）优化农村地区生产要素配置

① 创新土地开发模式。

田园综合体通过保障增量和激活存量，解决现代农业用地问题。通过村庄整治和宅基地整理等方式节约用地，重点支持乡村休闲旅游、养老等产业及农村三产融合的发展。

② 创新融资模式。

田园综合体具备灵活的融资渠道，如企业作为投资主体，银行提供贷款，第三方担保，农民土地产权入股等，形成高效的"资本复合体"。

③ 增强科技支撑。

为了减轻资源与环境压力，秉承循环与可持续发展理念，利用科技手段支持生态循环农业，构建农居循环社区，在确保产业发展和农民增收的同时，创造良好的生态居住和观光环境。

④ 促进区域经济主体的利益联结。

通过田园综合体模式，解决各大主体之间的关系问题，包括政府、企业、银行、社会、研究机构等不同主体。传统农业园区通常只能解决 2 至 3 个主体间的关系，而复合体的利益共享模式则将所有主体紧密结合，如图 5-13、图 5-14 所示，华侨城德宏生态田园康旅新城展示中心。

2）放大农村产业体系价值

① 农业生产是发展的基础。

引入现代高新技术提升农业附加值；休闲旅游产业要与农业相结合，建设具有田园特色的可持续休闲农业园区；休闲体验和旅游度假等相关产业的发展依赖农业及农副产品加工，从而形成以田园风貌为基础，并融入现代都市时尚元素的田园社区。

② 有效推动城乡统筹发展。

以乡村复兴为核心目标，使城市与乡村各自发挥自身独特优势，实现和谐发展。围绕田园生产、生活和景观组织多产业多功能的空间实体，其核心价值在于满足人们对乡土的归属感，实现城市人流、信息流、物质流对乡村的反哺，促进乡村经济发展。因此，田园综合体是形成城乡经济社会一体化新格局的重要载体（见图 5-15）。

图 5-15　田园大讲堂

第 5 章　田园综合体设计 ◆▶

5.1.5 田园综合体的试点立项条件

1. 功能定位明确

围绕具备基础、优势、特色、规模和潜力的乡村及产业，依托农田田园化、产业融合和城乡一体化的发展模式，以自然村落和特色片区为开发单元，进行全域统筹开发，全面提升基础设施。重点突出以农业为基础的产业融合与辐射带动等核心功能，具备循环农业、创意农业和农事体验一体化发展的潜力。明确农村集体组织在建设田园综合体中的角色定位，充分发挥其在开发集体资源、推动集体经济和服务集体成员方面的作用（见图 5-16～图 5-19）。

图 5-16 House in the Orchard 极简白果园农场（1）

图 5-17 House in the Orchard 极简白果园农场（2）

图 5-18 House in the Orchard 极简白果园农场（3）

图 5-19 House in the Orchard 极简白果园农场（4）

2. 基础条件优越

农业基础设施相对完备，农村特色产业基础良好，地理条件优越，核心区域连片集中，发展潜力显著；已筹集了较大资金且具备持续投入能力，建设规划能有效引入先进生产要素和社会资本，发展思路明确；农民合作组织相对健全，规模经营显著，龙头企业具有较强的带动力，与村集体组织、农民及农民合作社建立了密切的利益联结机制。

3. 生态环境友好

能够落实绿色发展理念，保持绿水青山，积极推进山水田林湖的整体保护与综合治理，践行望得见山、看得见水、记得住乡愁的生产生活方式。农业清洁生产的基础较好，农业环境突出问题得到有效治理。

4. 政策措施有力

地方政府积极性高，在用地保障、财政支持、金融服务、科技创新和人才支持等方面有明确的措施，水、电、路、网络等基础设施完善。建设主体明确，管理方式创新，建立了政府引导与市场主导的建设格局。积极探索田园综合体建设用地保障机制，为产业发展和田园综合体建设提供条件。

5. 投融资机制明确

积极创新财政投入方式，探索推广政府与社会资本合作，综合考虑运用先建后补、贴息、以奖代补、担保补贴和风险补偿金等方式，撬动金融和社会资本投入田园综合体建设。鼓励各类金融机构加大对田园综合体建设的金融支持，积极统筹各渠道的支农资金支持田园综合体建设。严格控制政府和村级组织的债务风险，不新增债务负担。

6. 带动作用显著

以农村集体组织和农民合作社为主要载体，组织引导农民参与建设和管理，保障原住农民的参与权和受益权，实现田园综合体的共建共享。通过构建股份合作、财政资金股权量化等模式，创新农民利益共享机制，让农民能够分享产业增值带来的收益。

7. 运行管理顺畅

依据当地主导产业规划和新型经营主体的发展水平，因地制宜探索田园综合体的建设和运营管理模式。可以通过村集体组织、合作组织和龙头企业等共同参与田园综合体的建设，激活存量资源，调动各方积极性，通过创新机制激发田园综合体建设和运营的内生动力。

田园综合体的核心价值在于满足人们回归乡土

的需求，通过城乡互动，促进资源的有效配置与利用。它不仅关注经济效益，还强调生态保护和文化传承，力求实现可持续发展（见图5-20、图5-21）2023年加拿大国际花园节。

图 5-20　加拿大国际花园节（1）

图 5-21　加拿大国际花园节（2）

5.2　田园综合体的规划要点

5.2.1　田园综合体基础研判

田园综合体基础的研判主要依据有以下几个方面。

1. 产业基础

（1）基础设施：评估现有的基础设施，包括交通、通信、水电等配套设施，确保能够支持田园综合体的运营和发展。

（2）农业基础：分析当地的农业发展现状，包括主要农作物、养殖业、农业科技水平等，为产业发展提供基础支撑。

（3）资源禀赋：考察自然资源、生态环境、气候条件等，确保有利于农业和旅游业的可持续发展（见图5-22～图5-25）。

2. 产业特色

（1）地方特色：挖掘当地的特色产业，如特色农产品、传统手工艺、地方文化等，形成独特的市场竞争力。

（2）生态特色：结合生态农业理念，发展有机农业、循环农业等，提升产品的生态价值和市场吸引力。

（3）文化特色：融入当地文化元素，设计文化活动、节庆活动等，增强游客的文化体验，田园综合体（见图5-26～图5-30）以主题IP赋能三产融合发展。

3. 产业潜力

（1）规模潜力：评估产业的规模扩展能力，包括土地资源的利用、生产能力的提升等，以满足市场需求的增长。

（2）市场需求：分析市场对生态产品、文化体验的需求趋势，判断未来产业发展的方向和潜力。

（3）创新能力：考察产业的创新能力，包括新技术的应用、新产品的开发等，提升产业的竞争力，乡村振兴中的创新能力表现（见图5-31～图5-34）。

图 5-22　艾米未来农业文旅小镇（1）

图 5-23　艾米未来农业文旅小镇（2）

图 5-24　艾米未来农业文旅小镇（3）

图 5-25　艾米未来农业文旅小镇（4）

田园综合体
奶牛乐园规划方案

**RURAL COMPLEX
PLANNING SCHEME**

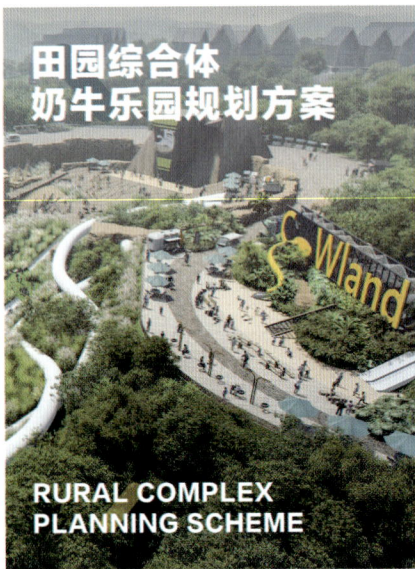

图 5-26 奶牛乐园规划方案

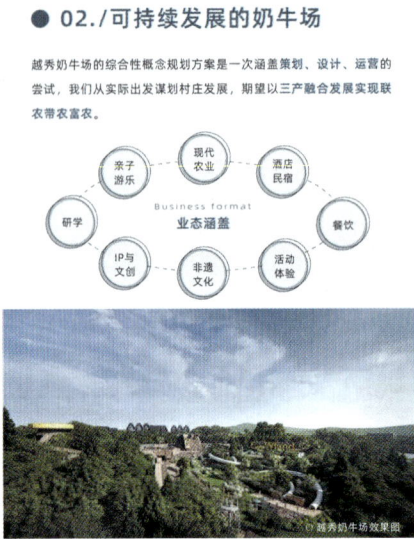

● 02./可持续发展的奶牛场

越秀奶牛场的综合性概念规划方案是一次涵盖策划、设计、运营的尝试，我们从实际出发谋划村庄发展，期望以三产融合发展实现联农带农富农。

图 5-27 可持续发展的奶牛场

● 03./成为轻游乐乡村文旅街区

在概念规划中，我们以EPCO一体化的思维去思考：

○ 围绕奶牛养殖、农事体验等**核心产业**
○ 积极引导培育具有地方特色和市场竞争力的**优势文旅特色产业**
○ 打造以奶牛"牛轰轰"为**特色IP与产业体系**
○ 实现产业联动和一二三产业的深度融合发展

以期打造一个极具地方农业特色的轻游乐乡村文旅街区。

图 5-28 乡村文旅街区

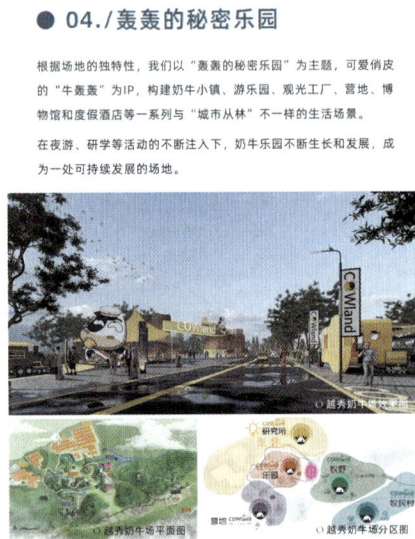

● 04./轰轰的秘密乐园

根据场地的独特性，我们以"轰轰的秘密乐园"为主题，可爱俏皮的"牛轰轰"为IP，构建奶牛小镇、游乐园、观光工厂、营地、博物馆和度假酒店等一系列与"城市丛林"不一样的生活场景。

在夜游、研学等活动的不断注入下，奶牛乐园不断生长和发展，成为一处可持续发展的场地。

图 5-29 秘密乐园

图 5-30 无动力乐园

图 5-31 乡村旅游

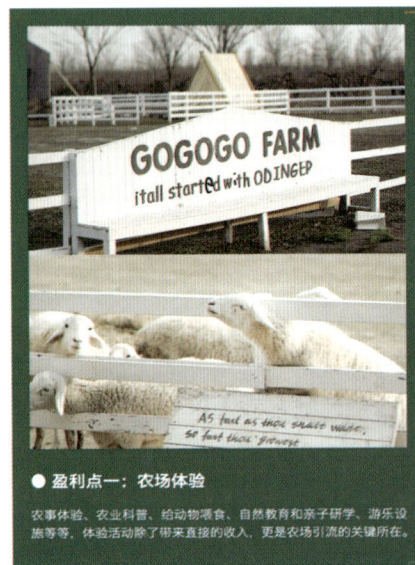

● 盈利点一：农场体验

农事体验、农业科普、给动物喂食、自然教育和亲子研学、游乐设施等等。体验活动除了带来直接的收入，更是农场引流的关键所在。

图 5-32 农场体验

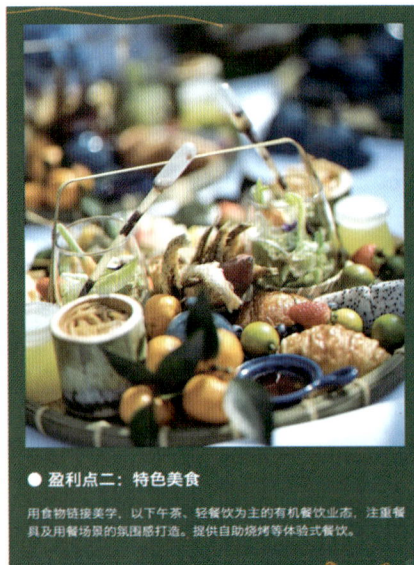

● 盈利点二：特色美食

用食物链接美学，以下午茶、轻餐饮为主的有机餐饮业态，注重餐具及用餐场景的氛围感打造。提供自助烧烤等体验式餐饮。

图 5-33 特色美食

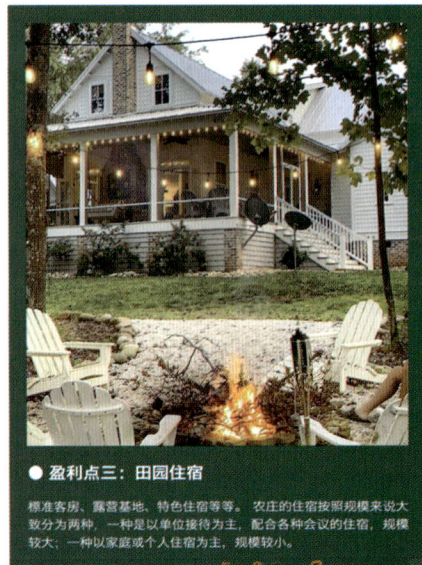

● 盈利点三：田园住宿

标准客房、露营基地、特色住宿等等。农庄的住宿按照规模来说大致分为两种，一种是以单位接待为主，配合各种会议的住宿，规模较大；一种以家庭或个人住宿为主，规模较小。

图 5-34 田园住宿

4. 规模基础

（1）经济规模：评估现有产业的经济规模，包括产值、利润、市场份额等，判断其在区域经济中的地位。

（2）产业链条：分析产业链的完整性，包括上下游产业的配套情况，确保产业的可持续发展。

（3）集聚效应：考察产业集聚的可能性，通过集聚效应提升整体竞争力和市场影响力（见图5-35～图5-38）。

5. 生态特色

（1）生态环境保护：确保在发展过程中注重生态环境的保护，避免资源的过度开发。

（2）可持续发展：通过循环利用、生态修复等手段，推动产业的可持续发展，提升生态价值。

（3）生态旅游：结合生态资源，发展生态旅游项目，吸引游客，增加经济收益（见图5-39～图5-42）。

6. 文化特色

（1）文化传承：挖掘和传承当地传统文化，设计相关的文化活动，提升游客的文化体验。

（2）文化创意：结合现代设计理念，开发具有地方特色的文创产品，拓展市场。

（3）社区参与：鼓励当地居民参与文化活动的策划与实施，增强社区的凝聚力和归属感。

7. 模式复制潜力

（1）成功案例：总结成功的田园综合体案例，

图 5-35　活动策划

图 5-36　场地租赁

图 5-37　美学课程

图 5-38　周边产品

图 5-39　生态旅游（1）

图 5-40　生态旅游（2）

提炼出可复制的模式与经验。

（2）标准化流程：建立标准化的运营流程与管理模式，方便其他地区进行复制与推广。

（3）政策支持：结合国家和地方的政策支持，推动田园综合体的复制与推广。

通过对田园综合体的基础研判，我们可以全面了解其产业基础、特色和潜力，为后续的规划和实施提供科学依据。田园综合体的成功不仅依赖于生态与文化的结合，还需要充分发挥地方特色和市场潜力，以实现经济和社会的双重效益。庆祝中国农民丰收节的场景及汤池田园东方项目充分展示了生态与文化结合的成效（见图5-43～图5-46）。

5.2.2 田园综合体要素分析

无论是国内还是国际上，发展田园综合体及其相关模式已成为一种趋势，但真正建立起具有独特特点的产业体系并获得全球知名度的案例相对较少。成功的地区和项目有一些共同的经验，即国际级田园综合体的基本

图 5-41　生态旅游（3）

图 5-42　生态旅游（4）

图 5-43　中国农民丰收节（1）

图 5-44　中国农民丰收节（2）

图 5-45　汤池田园东方项目：户外大草坪

图 5-46　汤池田园东方项目：音乐稻田

要素，田园综合体项目"田园东方"（见图5-47～图5-50）。

图 5-47　田园东方（1）

图 5-48 田园东方（2）

图 5-49　田园东方（3）

1. 独特的品牌形象

品牌形象是开展营销活动的重要工具，鲜明且独特的形象能吸引游客的目光。

2. 便捷多样的交通方式

既需要高效的外部交通网络，以便于游客进

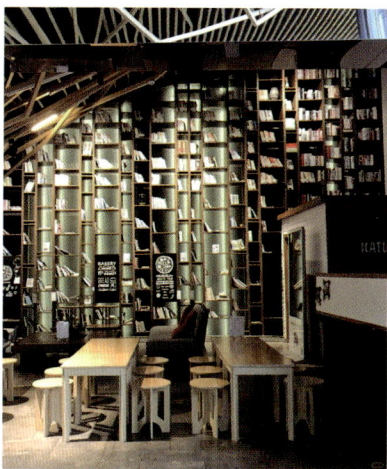
图 5-50　田园东方（4）

入，又需要丰富多样的内部非机动交通体系，营造悠闲的田园体验。

3. 循环价值链的产业体系

农业及相关加工与商贸业是基础性产业，而休闲度假业则是品牌性产业，二者形成循环互动的价值链。

4. 丰富的购物娱乐体验

购物娱乐是田园综合体的重要收益来源，只有凭借丰富优质的产品，才能释放游客消费潜力。

5. 特色化的住宿和餐饮体系

住宿和餐饮是最基础的服务门类，其决定着游客的整体游玩体验，在高品质前提下，特色是竞争的关键。

6. 完善的游乐活动体系

为了延长游客的逗留时间并提升消费水平，必须建立一个能够满足不同游客需求的活动体系。以上述国际通行的田园综合体要素为参考，可以在相当程度上指导新兴同类地区的发展。在满足这些要素条件的基础上，各种类型的田园综合体还应当突出自身特点，这样才能脱颖而出，成为世界级的典范。

5.2.3　田园综合体规划要点

在进行田园综合体的规划时，须综合考虑多个关键要素，以确保田园综合体的成功。以下是田园综合体规划的主要要点：

（1）支撑产业：产业规模、产品推广、产业创新……

（2）基础设施：交通、给排水、电力电信、燃气、人防、综合防灾……

（3）公共服务：教育、医疗卫生、体育、社会福利与保障、邮政电信服务、商业金融服务……

（4）环境风貌：生活环境、生态环境、景观环境、建筑风貌……

（5）旅游产品：观光产品、休闲产品、娱乐产品、度假产品、康养产品、亲子产品……

在明确规划要点后，需要对田园综合体的不同功能区域进行深入分析和布局。这些区域不仅需要满足当地居民的基本生活需求，还须增强区域的吸引力，以促进旅游发展和产业集聚。各区域之间的有机结合将为田园综合体的整体发展提供坚实基础。田园综合体设计的主要功能区域包括：农业产业区、生活居住区、文化景观区、休闲聚集区、综合服务区等。

通过对各功能区的合理规划与布局，田园综合体将形成一个和谐、可持续的生态系统，推动区域经济的全面发展与繁荣。

5.3　田园综合体的业态构成

5.3.1　核心业态

田园综合体的核心业态主要包括农业生产、文化观光旅游、休闲娱乐等。这些业态不仅能够为游客提供丰富的体验，还能为当地居民创造就业机会，提升生活水平。

（1）农业：种植业、林业、畜牧业、渔业、副业（见图5-51～图5-54）……

（2）文化：传统民俗、非遗传承、名人轶事、历史遗存（见图5-55）……

（3）专项游乐：观光、休闲、度假运动、亲子、养生（见图5-56、图5-57）……

图 5-51　农耕体验娱乐项目

图 5-52　农业观光研学项目

图 5-53　割稻体验

图 5-54　参观稻田

图 5-55　文化传承

图 5-56　专项游乐：稻田艺术节（1）

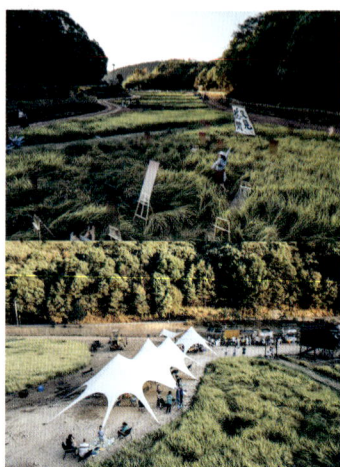

图 5-57　专项游乐：稻田艺术节（2）

5.3.2 支撑业态

支撑业态包括住宿、餐饮、购物、教育、物流等。这些业态为核心业态提供了必要的支持，形成了完整的产业链，提升了田园综合体的整体吸引力（见图5-58～图5-63）。

5.3.3 文化与创意产业

文化与创意产业是田园综合体的重要组成部分。通过挖掘地方文化资源，结合现代创意，形成独特的文化体验，吸引更多游客的参与（见图5-64、图5-65）。

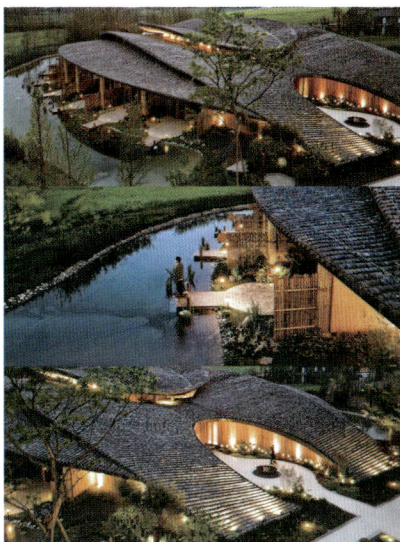

图 5-58　大邑县稻香渔歌园（1）　　图 5-59　大邑县稻香渔歌园（2）

图 5-60　稻田艺术节（1）　　图 5-61　去厨师化的农场餐饮设计　　图 5-62　稻田艺术节（2）

图 5-63　农文旅项目：民宿集群　　图 5-64　西府里文化艺术村　　图 5-65　星空书店民宿

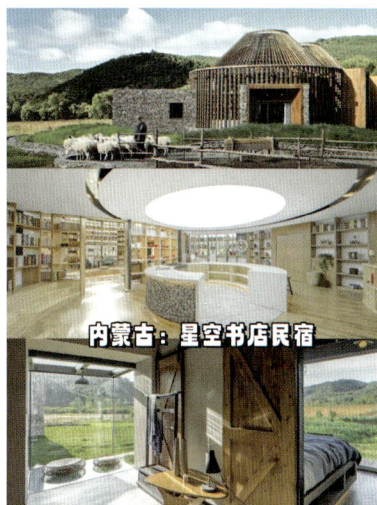

5.4 田园综合体规划案例

田园综合体的规划案例可以分为国际和国内两大类。在国际案例中，包括集群级田园综合体、项目级田园综合体、城市型田园综合体、科技型田园综合体和创意型田园综合体等多种类型。而在国内规划案例中，龙泉桃谷作为一个典型的田园综合体，展示了如何结合农业、旅游和文化，推动乡村的可持续发展。

5.4.1 国际案例解析

1. 集群级田园综合体：澳大利亚猎人谷美酒区——葡萄酒产业田园综合体

猎人谷位于澳大利亚新南威尔士州，是一片纵深约190公里的山谷丘陵地带，距离悉尼仅两小时车程。该地区因其优越的生态环境和适宜的气候条件，孕育出超过120个酒庄和酒窖，生产出享誉本地及国际的优质葡萄酒。猎人谷不仅因其美酒而闻名，还因其丰富的美食、独特的住宿环境和多样的休闲活动，成为理想的度假胜地（见图5-66）。

图 5-66　澳大利亚猎人谷美酒区：葡萄酒产业田园综合体

1）品牌形象塑造

猎人谷的品牌形象被塑造为"忘忧之旅"（escape tour），并被称为"忘忧供应商"（escape provider），主要吸引来自悉尼的高端美酒爱好者。该地区通过抓住目标人群的心理需求，积极将本地旅游品牌进行营销推广，使猎人谷迅速成为生态农耕类旅游的代名词。此品牌形象的成功塑造，使得猎人谷在旅游度假产业中获得了显著的先行者优势，极大提升了整体价值（见图5-67）。

2）交通便利性

猎人谷与悉尼之间有高等级公路相连，内部交通体系丰富多样，体现出慢节奏和趣味性。游客可以选择热气球、直升机、自行车、骑马等多种交通方式，享受独特的旅行体验，这些交通方式本身也成为旅游吸引物。猎人谷的交通系统不仅便捷，还兼具游乐和健身功能，提升了游客的整体体验（见图5-68）。

HUNTER VALLEY—ESCAPE PROVIDER

VENI

图 5-67　鲜明的品牌形象——"忘忧之旅"（escape tour）

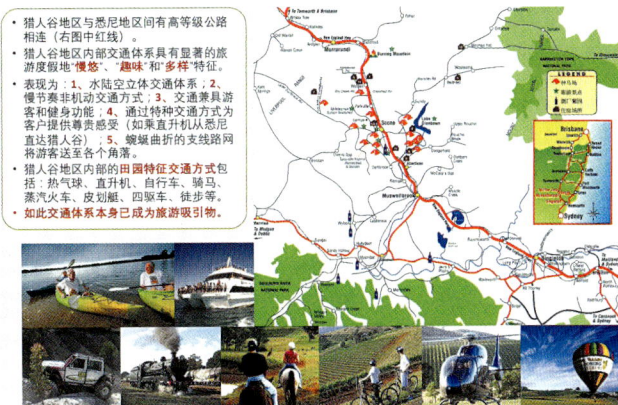

- 猎人谷地区与悉尼地区间有高等级公路相连（右图中红线）。
- 猎人谷地区内部交通体系具有显著的旅游度假味道"慢悠"、"趣味"和"多样"特征。表现为：1、水陆空立体交通体系；2、慢节奏非机动交通方式；3、交通兼具游客和健身功能；4、通过特种交通方式为客户提供尊贵感受（如乘直升机以悉尼直达猎人谷）；5、蜿蜒曲折的支线路网将游客送至各个角落。
- 猎人谷地区内部的田园特征交通方式包括：热气球、直升机、自行车、骑马、蒸汽火车、皮划艇、四驱车、徒步等。
- 如此交通体系本身已成为旅游吸引物。

图 5-68　便捷多样的交通方式

3）住宿与餐饮体系

猎人谷的住宿设施主要面向中高端人群，提供多样化和特色化的选择，包括酒庄旅舍、高级度假村、小型精品酒店等。每种住宿形式都有其独特的风格和服务，以满足不同游客的需求（见图 5-69）。

图 5-69　特色的住宿体系

在餐饮方面，猎人谷以丰富的红酒选择和当地优质农产品为特色，形成了独特的"猎人谷菜系"。当地厨师充分利用新鲜的当地食材，创造出独特的美食体验，提升了游客对本地特色农产品的认知度。餐饮服务场所不仅提供了美味佳肴，还成为本地特色农产品的体验式营销推介平台（见图 5-70）。

图 5-70　餐饮服务体系

4）游乐活动体系

猎人谷的游乐活动丰富多样，充分利用了当地的生态优势。游客可以参与酒庄游、农耕体验、草地和山地运动等活动，享受自然与文化的结合。猎人谷的活动体系包括酒庄农耕观游体验、草地和山地运动、植物园生态体验，以及历史文化场所的参访，满足了不同游客的需求（见图 5-71）。

图 5-71　完善的游乐活动体系

5）购物与娱乐体验

猎人谷以其高品质的美酒和农产品而闻名，吸引游客前来购物。地区内的节庆活动和品酒活动成为主要的娱乐项目，增强了游客的参与感和体验感。现代和传统的音乐集会、运动和文艺表演等活动，与传统民俗节庆相得益彰，共同构成了猎人谷丰富的娱乐活动体系（见图 5-72～图 5-74）。

图 5-72　购物与娱乐体验

图 5-73　历史文化场所参访

图 5-74　植物园生态体验

6）循环价值链的产业体系

猎人谷的产业体系涵盖酿酒、农业、旅游、商贸等多个领域，形成可持续循环的价值链。每个环节都能实现经济收益的协调共赢，促进了整体经济的发展。这种循环收益链的建立，使得猎人谷在各个产业之间形成了良好的互动，推动了区域经济的

整体发展（见图 5-75）。

7）案例小结

猎人谷案例展示了如何通过特色优质农产品（如葡萄酒）构建完善的产业体系，实现经济效益的最优化。核心吸引物的成功打造，使得猎人谷成为大洋洲优质酒品的代名词，进一步刺激了相关产业的发展。此外，猎人谷在充分发挥核心优势的同时，还积极发展配套产业，满足不同游客的需求，为游客提供个性化的游览体验。

猎人谷的成功还得益于政府的主导作用和社区的积极参与，建立了切实可行的支撑保障体系，确保了项目的健康发展。这为其他地区的旅游和农业发展提供了宝贵的借鉴经验，展示了如何通过综合的产业布局和品牌塑造，提升区域的整体竞争力和吸引力。

2. 项目级田园综合体：加拿大 Krause 莓果农场

Krause 莓果农场位于加拿大不列颠哥伦比亚省，距离温哥华约 40 公里，东距阿伯茨福德约 15公里。农场以莓果种植起家，逐步发展出多元化的种植品种，并向莓果酒庄等高端产业延伸，成为加拿大著名的乡村体验地之一（见图 5-76）。

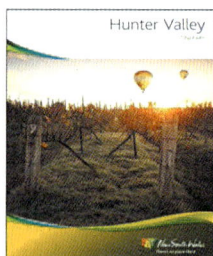

与州旅游部门合作发行的宣传册　　本地管委会自建的网站　　州旅游营销网站中的本地子站　　酿酒厂展示订货厅

图 5-75　循环价值链的产业体系

图 5-76　加拿大 Krause 莓果农场

1）主题鲜明的农产品配置

Krause 农场的景观设计围绕"莓果"主题展开，形成了层次分明的农产品配置。农场种植蓝莓、草莓、树莓、黑莓等核心农产品系列，并引入甜豆、甜玉米和小土豆等农产品系列。通过精心安排的种植布局，视觉上形成了丰富的层次感，吸引游客在不同季节前来体验（见图5-77）。

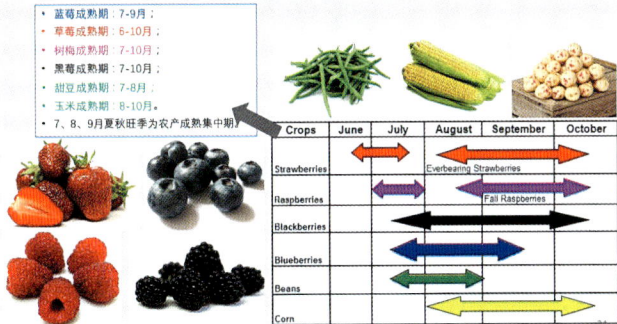

图 5-77　鲜明的农产品配置

成熟期覆盖：农场的设计考虑了各类莓果的成熟期，使得游客在旺季（每年7—10月）能够体验到丰收的乐趣，激发持续的农业主题出游动机。

花田设计：农场还培育了多种花田，花期覆盖春、夏、秋三季，既美化了环境，又增加了经济收益，提升了整体环境的吸引力（见图5-78）。

5-78　多品种的花田

2）餐饮与美食体验

Krause 农场的美食设计以应季莓果为主，突出"Berry Farm"主题。在景观设计中，餐饮区域与农田、花田相结合，形成开放式的用餐环境，使游客在享用美食的同时，能够欣赏周围的自然景观（见图5-79）。

图 5-79　农场美食

多样化菜式：农场提供的美食系列丰富，包括果汁饮料、乡土风味大菜、优品莓果佳肴和新鲜乳脂制品，所有菜式都围绕莓果主题展开，形成完整的餐饮体验。

3）互动体验与教育

Krause 农场的烹饪学校是其王牌体验产品，通过知名大厨的演示，游客可以亲身体验农场自产食材的品质。在景观设计上，烹饪学校与农田紧密相连，创造了一个互动性强的学习环境（见图5-80、图5-81）。

图 5-80　烹饪学校

图 5-81　毕业汇报及露天聚餐

农场的休闲活动以亲子型为主，设计了专门的采摘游乐区和农畜幼儿园，鼓励家庭游客参与互动，增强亲子关系（见图5-82）。

图 5-82　亲子主题活动

4）增值度假服务

Krause农场为度假游客提供"莓果酒庄"，该酒庄的设计体现了北美农场主题风格，配备了专业酒窖和酿酒工坊。酒庄的环境与周围的自然景观相融合，为游客提供了独特的度假体验。

活动空间设计合理。酒庄不仅是品酒的场所，还可以用于举办各种主题派对，增加了空间的使用灵活性。

5）节事活动与品牌提升

农场定期举办的节事活动，如收获品尝节和传统节事嘉年华等，利用自身的农耕风情优势吸引游客，增强了品牌吸引力。在景观设计上，这些活动区域与农田、餐饮区相结合，形成了节庆氛围浓厚的环境。

6）自营加工与品牌价值

Krause农场的自营加工产品种类丰富，涵盖莓果食品和日化用品。景观设计考虑了加工区域与游客体验的结合，确保游客在参观过程中能够了解产品的来源与制作过程，提升品牌价值（见图5-83、图5-84）。

7）小结与启示

Krause莓果农场的成功在于其明确的主题和多元化的发展。通过精心的景观设计，农场不仅实现了美观与功能的结合，还创造了丰富的游客体验（见图5-85）。

3. 城市型田园综合体：韩国"活的网格"都市农业公园

"活的网格"都市农业公园是对传统"大公园"

图 5-83　农产品

图 5-84　农场购物

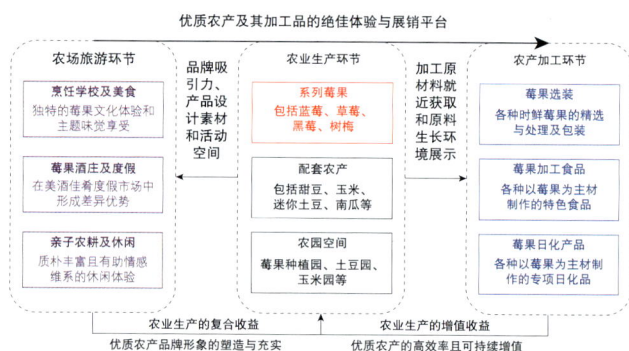

图 5-85　农场价值链

概念的重新思考，旨在将农业生产性田园转变为社会生产性开放空间。通过将稻田转变为五种不同的景观，公园不仅保留了大片自然区域，还创造了新的城市体验。这一项目是多功能行政城市计划的一部分，旨在打造一座分散式大都市，强调自给自足和开放空间的多功能田园综合体（见图5-86）。

1）五个功能片区

公园的设计分为五个主要功能片区，每个片区都有其独特的主题和功能：

①城市滨水区：包含广场、公共散步场所和文化设施，如博物馆、歌剧院和音乐会场等，成为城

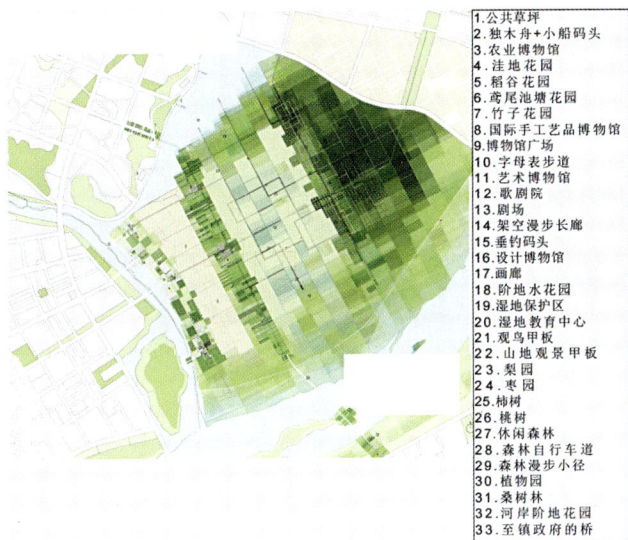

图5-86　平面布置图

1. 公共草坪
2. 独木舟+小船码头
3. 农业博物馆
4. 洼地花园
5. 稻谷花园
6. 鸢尾池塘花园
7. 竹子花园
8. 国际手工艺品博物馆
9. 字母表步道
10. 艺术博物馆
11. 博物馆广场
12. 歌剧院
13. 剧场
14. 架空漫步长廊
15. 垂钓码头
16. 设计博物馆
17. 画廊
18. 阶地水花园
19. 湿地保护区
20. 湿地教育中心
21. 观鸟甲板
22. 山地观景甲板
23. 梨园
24. 枣园
25. 柿树
26. 桃树
27. 休闲森林
28. 森林自行车道
29. 森林漫步小径
30. 植物园
31. 桑树林
32. 河岸阶地花园
33. 至镇政府的桥

市的文化中心。

②示范性稻田：保存传统水稻生产方式，作为研究和教育设施，向居民和游客展示稻田的生态价值。

③国际展示花园：展示本地原生植物与国际植物，设有温室和博物馆，促进植物多样性和生态教育。

④湿地：利用稻田的排水设施创建永久性池塘，作为候鸟的栖息地和自然保护区，增强生态系统的连通性。

⑤森林：设有与公园东北部天然山林相连的小径，促进人与自然和谐共生。

2）规划层次

在景观设计层面，公园的规划层次清晰，结构合理。

①现有稻田网格：利用现有的稻田网格结构，形成基础的景观布局。

②功能区划分：通过明确的功能区划分，确保各个片区之间的流动性和可达性。

③水文设计：湿地和水道的设计为生态系统提供了水源，增强了生物多样性。

④步道系统：设计了主要步道、次要桥梁和架空人行道，形成了一个连贯的步行网络，方便游客在不同区域之间移动。

⑤植被配置：通过连续的森林和灌木丛的设计，创造出多样化的生态环境，提升了景观的层次感和视觉吸引力。

3）设计启示

①多功能性：公园的设计强调了空间的多功能性，不仅提供了农业生产的功能，还兼顾文化、教育和生态保护的需求。

②生态与人文结合：通过将自然生态与人文活动相结合，创造了一个可持续发展的空间，促进了社区的参与和互动。

③教育与体验：示范性稻田和国际展示花园等区域不仅是观赏的场所，更是教育和体验的空间，提升了公众的生态意识（见图5-87）。

④连通性与可达性：通过合理的步道系统和功能区划分，确保了公园内各个区域的连通性，提高了游客的游览体验。

⑤自然保护：湿地的设计强调了生态保护的重要性，为野生动物提供栖息地，增强了城市生态系统的稳定性（见图5-88）。

4）结论

韩国"活的网格"都市农业公园通过创新的景观设计，成功地将农业生产与城市生活相结合，创造了一个多功能、生态友好的开放空间。这一案例为城市型田园综合体的设计提供了宝贵的经验，展示了如何在城市环境中实现农业与生态的和谐共存。

图5-87　体验

图 5-88　湿地

4. 科技型田园综合体：韩国 Ecorium 国家生态工程

Ecorium 国家生态研究所位于韩国舒川的 Ecoplex 生态园，旨在保护、研究和展示韩国的各种生态物种。该项目最初规划为工业区，但因其生态价值而被重新设计为生态研究和展示中心。Ecorium 通过重现五种不同气候区的生态环境，提供了一个集教育、研究和体验于一体的场所（见图 5-89）。

1）设计理念

Ecorium 的设计理念围绕"自然奇幻之旅"展开，旨在通过线性关联的气候区展示，为游客提供多样的气候体验。项目总面积达 33090 平方米，由多个相互连接的穹顶组成，形成楔形温室，利用高科技手段追逐阳光，调节内部环境（见图 5-90）。

图 5-91　俯瞰图

图 5-89　韩国 Ecorium 国家生态工程（1）　图 5-90　韩国 Ecorium 国家生态工程（2）

图 5-92　功能分析

①温室大棚：展示不同气候区的农耕植物群落，包括热带、温带、沙漠、极地和地中海等主题区。

②人工湿地湖：作为生态保护区，提供生物栖息环境。

③游客中心：为游客提供服务，增强游览体验。

3）功能空间布局

Ecorium 的主体建筑分为三层，设计合理，便于游客流动。游客进入大堂后，可以便捷地访问各

2）主要功能区

Ecorium 的设计分为四大主要功能：生物保护、游赏线路、休憩体验和产业功能。这些功能通过以下空间和设施体系实现（见图 5-91～图 5-93）：

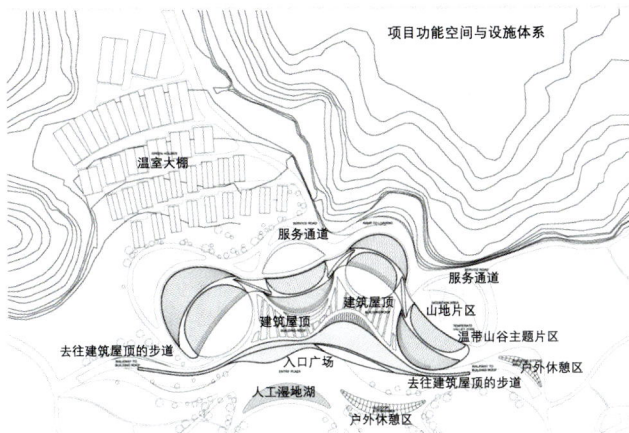

图 5-93 分区

个气候区展厅。展区之间以矮墙分隔，确保游客顺畅游览。顶层为半露天休憩空间，为游客提供观景和餐饮服务（见图 5-94～图 5-96）。

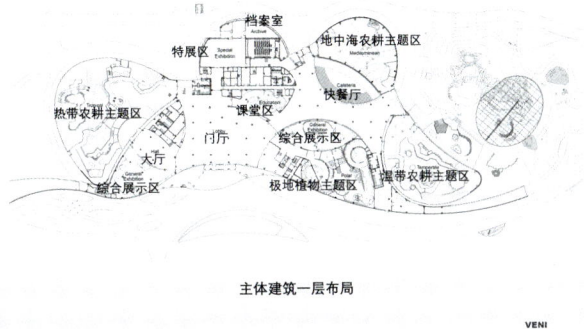

图 5-94 主体建筑一层布局

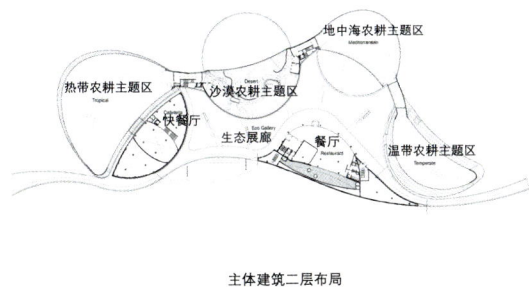

图 5-95 主体建筑二层布局

①一层布局：包括综合展示区、热带农耕主题区、温带农耕主题区等，游客可以在此体验不同的生态环境。

②二层布局：设有沙漠农耕主题区和地中海农耕主题区，提供多样化的生态体验。

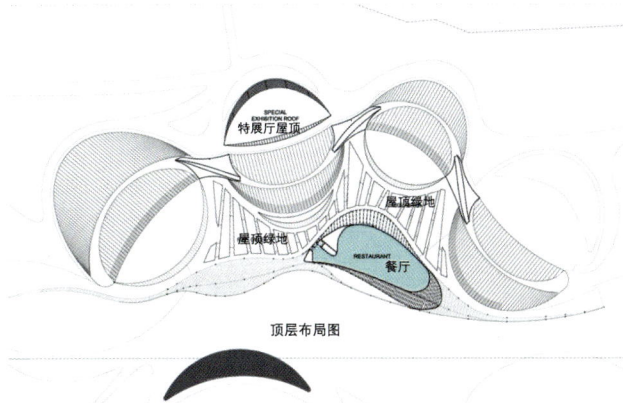

图 5-96 主体建筑顶层布局

③顶层布局：包括展厅屋顶和屋顶绿地，增强了建筑的可持续性和美观性。

4）生态与科技结合

Ecorium 的设计强调生态保护与科技应用的结合。每个温室均由巨大的主拱支撑，确保结构稳定性，同时采用倾斜的幕墙收集雨水，用于植物灌溉和制冷。项目通过多次模拟试验，减少了能耗和碳含量，确保建筑的可持续性（见图 5-97～图 5-100）。

图 5-97 热带农耕主题区

图 5-98 沙漠农耕主题区

105

地中海农耕主题区

第三间温室展现了地中海地区的景观，放眼望去尽是绿意，与前者形成了截然不同的体验

图 5-99　地中海农耕主题区

温带农耕主题区

第四间温室是温带气候区，这也是韩国实际上所处的气候区。有了这一优势，温带气候区各种各样的展览体验还能与户外区域相连，这里有微型的山脉，山谷间水流潺潺

图 5-100　温带农耕主题区

5）休闲与教育功能

Ecorium 不仅是一个生态研究中心，还是一个休闲农业旅游区。室内微气候四季宜人，保证了植物的生长和展示。绿色屋顶与周边环境相连，提升了设施的外观，并拓展了游憩空间。餐厅主要使用自产和周边农园的有机农产品，激发游客的购买欲望。

6）结论

韩国 Ecorium 国家生态研究所通过创新的设计理念和功能布局，成功地将生态保护、科技应用和公众教育结合在一起。该项目不仅为游客提供了丰富的生态体验，还成为研究和政策制定的重要平台。Ecorium 展示了科技型田园综合体的潜力，成为可持续发展的典范，为未来的生态建筑和农业旅游项目提供了宝贵的经验（见图 5-101～图 5-103）。

5. 创意型田园综合体：美国 Farmland World 度假农庄

Farmland World 是美国最新的创意型乡村度假项目，旨在通过与动物的互动和独特的农场体验吸引游客。该项目的设计理念是"人 / 机器 / 动

绿色屋顶通过外部步道与地面相连，令科技大棚与周边环境融为一体，并极大提升设施外观，拓展游憩空间，丰富游憩体验

图 5-101　绿色屋顶（1）

绿色屋顶本身成为下层的风雨廊

图 5-102　风雨廊

绿色屋顶与下层餐厅相呼应，营造出多层次、立体化的休憩、餐饮和社交空间。餐厅主要食材都来自本项目自产及周边农园所产的乡土、特色有机农产品。
餐厅作为农产品体验场所，激发游客现场购买和日常订购需求，可在下层大厅购物和下单。

图 5-103　绿色屋顶（2）

物相混合的冒险乐园"，以巨型卡通农机为主要卖点，提供强烈的感官冲击。游客可以选择不同的产品，进行 1 日、3 日或 5 日的乡村度假活动（见图 5-104）。

1）农庄分区

Farmland World 的设计采用了卡通化的主题包装，分为多个功能区，紧密结合农业生产。这

图 5-104　美国 Farmland World 度假农庄

些分区包括：小鸡站埠、蜜蜂地盘、山羊巷道、小马山、蔬菜抽象画、谷粒海洋、羊毛草坪、家畜牧场，这些分区不仅突出主题，还为游客提供了联合农事劳动体验，增强了互动性和趣味性（见图 5-105）。

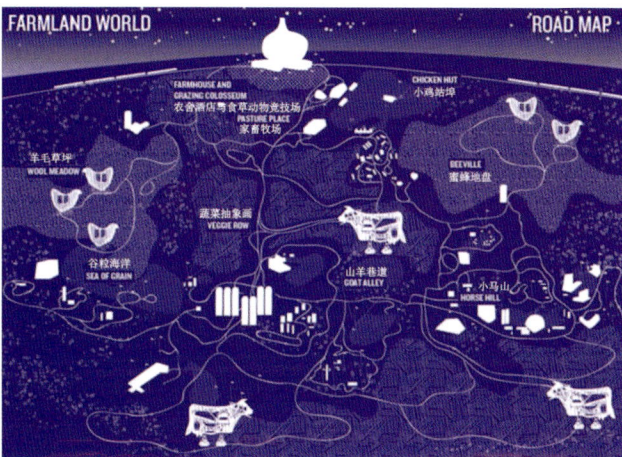

图 5-105　农庄分区

图 5-106　农庄卡通农机

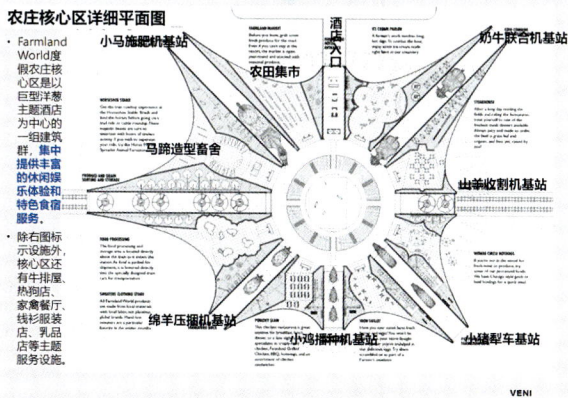

2）卡通农机项目

Farmland World 的核心吸引力在于其一系列造型生动、尺寸巨大的卡通农机。这些农机经过改装，外观上采用了极具视觉冲击力的卡通外壳，结合常见农畜的原型，既具功能性又富有景观性。游客可以在工作人员的指导下操控和乘坐这些农机，体验乡村观光和农事活动的乐趣（见图 5-106）。

3）核心区设计

Farmland World 的核心区围绕巨型洋葱主题酒店展开，形成一个集休闲、娱乐和餐饮服务于一体的建筑群。核心区内设有牛排屋、热狗店、家禽餐厅等特色餐饮设施，以及线衫服装店和乳品店。酒店底层设有多个出口，连接各种卡通农机基站，方便游客选择出游工具（见图 5-107）。

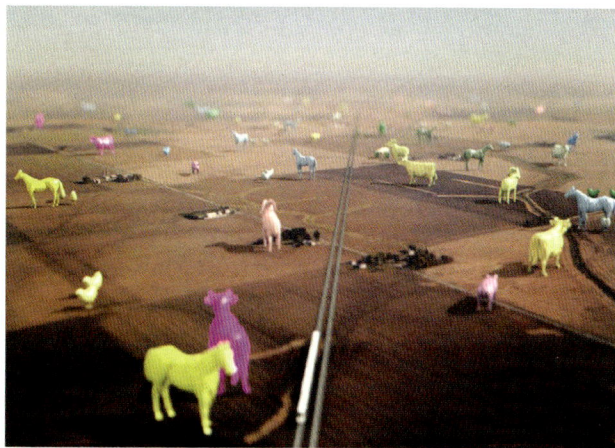

图 5-107　美国 Farmland World 度假农庄：核心区平面图

4）酒店设计

巨型洋葱主题酒店的外观极具卡通创意，增强了视觉冲击力，与周围的卡通农机相呼应。酒店内部设有天井结构，底部是一个骑牛套马竞技场，住客可以在房间中俯瞰赛事。天井内悬挂着巨型卡通农畜气球，进一步强化了农庄的主题感受。

5）总结与启示

Farmland World 度假农庄不仅是一个创意项目，

更是一个正在实施的实际案例，为类似项目提供了重要启示。

视觉冲击力的保障：适度夸张的卡通化包装在视觉上能够吸引游客，确保项目的吸引力和持久性。设计应在大小、色彩和造型等方面进行适度夸张，以增强游客的体验感。

设施的综合性设计：动漫主题乡村度假农庄的设施设备需要在景观性、功能性和体验性之间达到理想的协调。单纯的视觉冲击力无法持久，必须围绕农事主题构建完善的体验产品体系，以确保游客的重游意愿（见图5-108）。

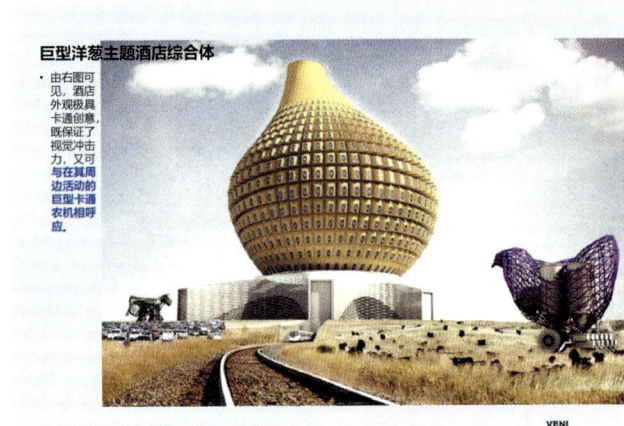

图 5-108　美国 Farmland World 度假农庄：酒店综合体

5.4.2　国内案例解析

1.龙泉桃谷——桃子产业田园综合体

龙泉桃谷项目位于全国十大水蜜桃之乡——龙泉，旨在通过农旅融合的方式，推动桃产业的升级与可持续发展。近年来，龙泉桃产业面临萎缩的挑战，因此本项目的核心目标是打造一个集中挖掘、展示和体验桃文化的示范园区。通过景观规划设计，项目希望实现桃产业、桃体验、桃文化和桃旅游的有机结合，提升区域的经济效益和旅游吸引力（见图5-109）。

1）景观规划设计理念

桃主题的整体规划：项目围绕"桃"这一核心元素进行整体规划，强调桃的文化、生态和经济价值。通过桃主题的景观设计，营造出一个具有浓厚桃文化氛围的空间，使游客在游览过程中能够深刻体验到桃的美好与独特（见图5-110~图5-113）。

图 5-109　桃子产业田园综合体

图 5-110　园林游憩区

图 5-111　儿童亲子营

图 5-112　果园露营地

(3) 打造桃主题景观构筑物——以桃子形象作为标志要素，构筑瞭望平台与景观栈道。

图 5-113　构筑平台与景观栈道

生态与可持续发展：在景观设计中，注重生态保护与可持续发展，采用绿色有机种植标准，推动有机农业的发展。通过合理布局，减少对自然环境的破坏，保护当地的生态系统，实现人与自然的和谐共生。

多样化的景观空间：项目规划了多个主题区域，如十里桃红形象展示区、桃李争春四季采摘区、桃野仙踪运动乐园等，提供多样化的体验空间，满足不同游客的需求。每个区域都有其独特的景观设计，形成丰富的视觉与文化体验。

2）景观空间布局（见图 5-114～图 5-117）

形象展示区：在十里桃红形象展示区，设计以桃花为主题的观赏景观，选用多种观赏桃花品种，形成四季花海的视觉效果。通过设置步道、观景平台等设施，游客可以在此区域尽情欣赏桃花的美丽，感受春天的气息。

采摘体验区：桃李争春四季采摘区被设计为互动性强的体验空间，游客可以亲手采摘桃子，体验农耕乐趣。该区域设置了便捷的采摘通道和休息区，方便游客在采摘过程中休息和享受美食。

运动乐园：桃野仙踪运动乐园结合桃主题，设计了多种运动设施，如攀岩区、亲子游乐区等，鼓励游客积极参与户外活动，增强身体素质。同时，景观设计融入桃的元素，营造出轻松愉悦的氛围。

打造桃主题景观构筑物——在桃园中构筑桃主题架空景观栈道，增添田园观景采摘乐趣。

图 5-114　构筑桃主题架空景观栈道

休闲度假区：在桃花小镇和桃源故里度假庄园，设计了以桃为主题的民宿、酒店等设施，为游客提供舒适的住宿环境。景观设计注重与周围自然环境的融合，采用自然材料和色彩，营造出温馨、宁静的度假氛围。

(4) 打造桃形象建筑物——仙桃星球：参照桃实体形象进行建筑设计，与大地相衬，形成地标性区域景观。

图 5-115　打造仙桃星球

美食工坊：在田园中以穿插组合的桃子形象建筑作为桃园工坊建筑的主体，结合室外平台与水景营造活动体验氛围。

图 5-116　美食工坊

桃花小镇：以桃花为主题构建园林景观、街区小品、悬挂式观赏桃花、主题化解、桃花内饰等。

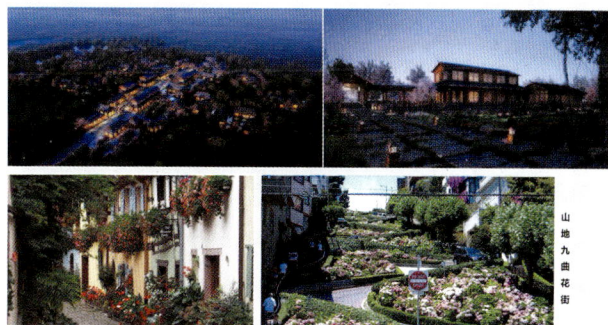

图 5-117　桃花小镇

3）景观元素与文化内涵（见图 5-118～图 5-121）

①桃文化的体现：项目通过桃之文化系列的设计，展示桃的多重文化内涵，如"桃为福寿之果"的传统文化。通过设置桃文化展览馆、桃花宴等活动，游客可以深入了解桃的历史与文化，增强文化认同感。

观赏桃、攀爬植物、盆栽形成立体效果的主题花街

图 5-118　主题花街

打造桃形象景观节点——将桃的实体形象与后现代艺术结合，形成时尚、年轻、浪漫的氛围。

图 5-119　桃形象景观节点

打造桃形象涂鸦——在小镇、民宿建筑立面上进行桃意向彩绘，如桃花、桃子、桃树及相关内容，营造整个村落的桃体验氛围。

图 5-120　打造桃形象涂鸦

7、桃之礼物系列——鲜果、工艺品、桃花美食、桃花茶、桃花酒、桃花刺绣等6大系列伴手礼

图 5-121　桃之礼物系列

②艺术与景观结合：在桃园中设置桃形象的艺术装置，如桃形涂鸦、桃主题吉祥物等，增添了景观的趣味性和艺术性。这些艺术元素不仅丰富了景观层次，还为游客提供了拍照留念的好去处。

③生态景观设计：项目注重生态景观的设计，采用本土植物和生态材料，构建多样化的植被层次。通过设置湿地、生态池等水体景观，增强区域的生态功能，吸引鸟类和其他生物，形成良好的生态环境。

4）营销与品牌塑造

互联网营销策略：项目通过引领式互联网营销，利用社交媒体和电商平台，推广桃主题的产品与活动。通过线上线下的结合，吸引更多游客前来体验，提升项目的知名度和影响力。

品牌创意与产品开发：项目围绕桃的多样化产品进行品牌创意与开发，如桃花茶、桃花酒、桃花美食等，形成完整的桃产业链。通过高品质的产品，塑造龙泉桃的品牌形象，提升市场竞争力。

社区参与与支持：项目鼓励社区参与，推动社区支持农业的发展。通过定制配送、果蔬认领等形式，增强社区居民的参与感与归属感，形成良好的互动关系。

5）总结与展望

龙泉桃谷项目通过科学的景观规划设计，成功将桃产业与旅游业融合，形成了一个具有生态、文化和经济价值的综合体。项目不仅提升了区域的经济效益，还为游客提供了丰富的文化体验与休闲娱乐选择。未来，随着项目的不断发展与完善，龙泉桃谷有望成为全国农旅产业的标杆，推动区域的可持续发展与繁荣。通过持续的品牌塑造与市场推广，龙泉桃的影响力将不断扩大，为当地经济带来更大的发展机遇。

2. 安徽休闲农业博览园景观规划设计

安徽休闲农业博览园的规划旨在响应国家对农业现代化和乡村振兴战略要求，结合合肥作为长三角城市群的重要一员，充分利用其地理优势和资源禀赋，打造一个集农业、旅游、文化于一体的综合性休闲农业示范区。项目定位为"江淮田园农养聚落"，强调生态、休闲、文化和科技的融合，致力于提升区域的整体价值和吸引力。

1）景观规划理念（见图 5-122、图 5-123）

①生态优先：规划设计充分考虑生态环境保

护，采用有机开发模式，注重生物多样性和生态系统的健康。通过"自净式田园海绵体系"增强雨水管理和土壤保水能力，提升区域的生态承载力。

图 5-122　安徽休闲农业博览园概念性规划

图 5-123　安徽休闲农业博览园核心区鸟瞰图

②文化传承：结合江淮地区的历史文化，融入当地特色的农耕景观，形成富有地域特色的文化景观。通过农艺文创聚落的建设，展示地方传统农业文化，增强游客的文化体验。

③功能复合：将农业、旅游、互联网等多种功能有机结合，形成田园综合体，满足不同游客的需求。通过共享农庄、家庭分租菜园等创新模式，提升土地利用效率，增强区域活力。

2）空间布局与功能分区

双核双轴结构，规划采用"双核双轴"的空间布局；核心区包括农业博览核心区和农夫小镇，形成区域发展的双中心。双轴线分别为滨水景观轴和农耕景观轴，连接各个功能区，形成良好的游览动线。其功能分区如图 5-124 所示。

①农业博览聚落：展示现代农业技术与产品，设置展览馆和互动体验区，吸引游客参与农业活动。

②农园养生聚落：依托自然景观，打造休闲度假庄园，提供养生和休闲服务，满足游客的身心需求。

③智农硅谷聚落：引入高科技农业，展示智慧农业的应用，促进农业科技的传播与应用。

④江岗田园社区：以社区支持农业为基础，鼓励居民参与农业生产，形成和谐的乡村生活环境。

图 5-124　区域功能

3）景观设计要素

①水体景观：规划中注重水体的利用与景观化，设置湿地公园和水景观带，既美化环境，又提升生态功能。水体的设计不仅为游客提供了观赏空间，也为生物提供了良好的栖息环境。

②步行与慢行系统：规划设计了便捷的步行和自行车道，强调人行道与自然景观的结合，提升游客的游园体验。主要步行流线将核心景点串联，形成舒适的游览线路。

③绿化布局：通过合理的植被配置，营造多样化的景观层次，增强景观的视觉美感和生态功能。设置不同类型的植物区，如观赏花卉区、果树区等，丰富游客的感官体验。

4）交通系统规划

交通系统的规划注重便捷性与生态性，设置了城市快速路、BRT 专线和轨道交通，确保游客能够方便地到达园区。同时，园区内部的交通系统设计强调慢行交通，鼓励游客步行或骑行，减少对环境的影响，提升游园的舒适度。

5）可持续发展与运营机制

项目在景观规划中考虑了可持续发展的理念，强调资源的循环利用和生态环境的保护。通过建立农业休闲博览园的保障体系和运营机制，确保项目的长期运营和管理，提升园区的经济效益和社会效益。

6）总结

安徽休闲农业博览园的景观规划设计充分体现了生态优先、文化传承和功能复合的理念，通过科学合理的空间布局和丰富多样的景观要素，打造出一个集农业、旅游、文化于一体的综合性休闲农业示范区。该项目不仅为当地经济发展注入了新的活力，还为游客提供了一个亲近自然、享受生活的理想场所。未来，随着项目的实施与运营，将进一步推动区域的可持续发展，提升居民的生活质量和幸福感。

5.5 生态农业与景观设计结合

在全球面临环境危机和资源短缺的背景下，生态农业与景观设计的结合逐渐成为推动可持续发展的重要策略。生态农业不仅关注农业生产的效率，更强调生态系统的健康与生物多样性的保护。而景观设计则致力于创造人与自然和谐共生的环境。二者的结合，不仅能够提升农业生产的可持续性，还能改善人居环境，促进社会经济的全面发展。

5.5.1 生态农业的核心理念

生态农业是一种以生态学原理为基础的农业生产方式，强调在农业生产中保护和利用自然资源，减少对化学肥料和农药的依赖。其核心理念如下：

（1）生物多样性：通过多样化的作物种植和养殖，增强生态系统的稳定性和抗逆性。

（2）循环利用：利用农业废弃物和副产品，形成闭环的生态循环，减少资源浪费。

（3）土壤健康：通过施用有机肥料和轮作等方式，改善土壤结构和肥力，促进土壤微生物的活性。

AeroFarms 是美国的一个商业农场（见图 5-125），也是大型商业室内垂直农场的先驱。作物在完全受控的室内环境中生长，没有阳光或土壤。其建造的航空种植系统，能够加快收获周期，取得预期结果，优化作物安全性并减少对环境的影响。无论是为废弃钢铁厂等城市空间注入新活力，还是在乡村地区建立室内农场以促进环境振兴，AeroFarms的农场均采用模块化设计，并具备良好的扩展能力。

图 5-125　AeroFarms 农场

5.5.2 景观设计的作用

景观设计不仅是美学的体现，更是生态功能的延伸。通过合理的景观规划，可以实现以下目标：

（1）提升生态功能：设计中融入水体、绿地和生物栖息地，增强生态系统的服务功能，如水土保持、空气净化和生物栖息。

（2）人文关怀：通过景观设计提升人们的生活质量，创造舒适的公共空间，促进社区的互动与交流。

（3）教育与体验：设计生态农业景观时，可以设置教育性展示区，让游客了解生态农业的理念和实践，增强公众的环保意识。

5.5.3 生态农业与景观设计的结合方式

功能性景观设计：在生态农业的布局中，结合景观设计的原则，合理配置农田、林地、水体等元素。例如，位于澳大利亚新南威尔士州北部Channon村对面的农场，海拔约20m，位于高降雨地区，附近地貌多样，既有高低起伏的山谷、山脊，也有一望无际的森林围场，还有物种齐全的各类生物。

整个农场的规划设计不仅考虑了地形、地貌等条件，还通过技术系统、放牧系统（食用森林）生态系统等方法实现环境、经济、资源的相互协调，循环利用。

与其他单一或综合性农场不同，澳大利亚的ZaytunaFarm既突出其主题特色，又融合了多种不同的模式，兼具研学功能（从理论到实践的学习体验）、露营基地功能（从原始生活到生存技能的实践），以及生态规划功能（从自然环境到景观设计的整合）（见图 5-126）。

多样化种植与景观美化：在农业生产中，采用多样化的作物种植，不仅可以提高土壤的健康和生物多样性，还能创造丰富的视觉效果。通过选择不同颜色和形状的植物，打造四季变化的美丽景观，吸引游客和消费者。

Daylesford Organic 是位于英国 Notting Hi 的一个集合了餐厅、住宿、休闲、娱乐等创新有机农场。Nature 是 Daylesford 的核心理念，以培养和滋养大自然的方式来耕作、饮食和生活，并希望通过与地球和平相处，激发人与自然的美好联系。

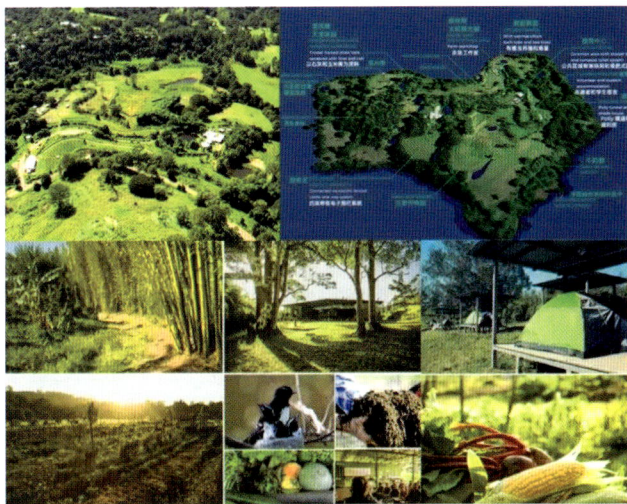

图 5-126　Zaytuna Farm 农场从教育、露营、建筑到设计均可持续的"生态圈"

农场种植了 500 多种有机水果、鲜花、蔬菜和香草等作物。30 英亩的农林项目以一种创新再生的土地耕作方式，通过在同一片土地上整合树木、农作物和母鸡，采用有机耕作方法加强了土壤的结构和完整性，通过利用动物粪便进行养分循环、播种覆盖作物等方法来保持土壤肥沃。

从农场到餐桌，餐厅食材来自有机农场，厨师使用新鲜食材结合简单的烹饪手法，呈现当季食材的风味。此外，农场还有线上商店，顾客可以买到这些新鲜的有机食材。农场还制定了一个零食物浪费的规定，餐厅的食物残渣收集起来用于堆肥或做厌氧消化，使其变成可再生能源和肥料等，产生的其他非食物废物被重新使用、回收或通过焚烧回收为能源。

Daylesford 通过与当地环境和教育组织的合作，支持围绕可持续食品、耕作和生活方式的当地和区域运动（见图 5-127）。

生态廊道建设：在农田与自然环境之间建立生态廊道，连接不同的生态系统，促进生物的迁徙与交流。这不仅有助于提升生态系统的稳定性，还能为游客提供观赏自然的路径，增强人们的自然体验。

图 5-127　Daylesford Organic 创新有机农场

可持续水管理：在景观设计中融入雨水收集和利用系统，利用自然的水循环来灌溉农田，减少对地下水的依赖。同时，设计水体景观，如人工湖泊和湿地，不仅能美化环境，还能改善水质，促进生态平衡。

5.5.4　案例解析

在一些成功的生态农业与景观设计结合的案例中，我们可以看到其积极的效果。例如：Kurkku Fields（日本）-- 多重感官享受的创意自然空间，位于千叶县木更津市，是一个以"农业""食""艺术"为轴心、以"人类·农业·饮食·艺术·自然的协奏曲"为概念的可持续农场乐园。分别由有机农场 / 可食花园、一站式新鲜美食、人与环境艺术、自然游玩、生物多样性生态圈、太阳能发电场等 6 个设施和景点构成。

Kurkku Fields 采用多种方式实现可持续性，如推行有机农业、使用厨余垃圾和家畜排泄物制造肥料等。其中农场使用的生物过滤装置最让人震撼，这是一种充分利用微生物和植物净化功能的循环过滤装置。通过将污水循环式过滤后返回大自然，形成巨大的多样性生态循环圈——污水在农场水渠流动中得到初次过滤；建造水渠所用的旧砖瓦上生长着微生物分解水中的营养物质，丰富的水边植物形成由水边植物、昆虫等构成的多样化生态系统；经过过滤的水流入农场内被称为"母池"的生态池塘；通过太阳能发电获得电能的水泵从这里让水再次流进水渠，让其重新净化为纯净的水。

艺术是农场的另一大特色。室外放置着草间弥生和 Camille Henrot 的作品，画廊中装饰着 David

Hockney 和 Anish Kapoor 的艺术品（见图 5-128）。

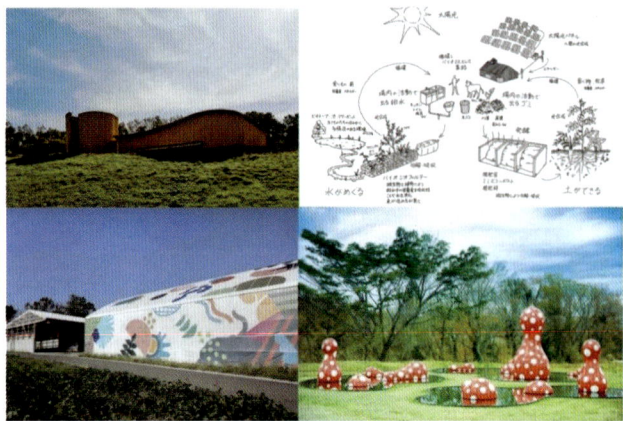

图 5-128　Kurkku Fields（日本）：多重感官享受的
"创意自然空间

5.6　未来发展趋势

在未来的田园综合体设计中，生态农业和可持续性将成为发展的核心要素，推动农业生产与自然环境的和谐共生。随着人们对环境保护和资源可持续利用意识的提升，传统农业模式正逐渐向更加绿色、生态的方向转型。与此同时，城市农业也开始崭露头角，作为新型农业模式的代表之一，城市农场提供了更多创新的解决方案。这些转型不仅能够提升农业的生态价值，还能实现社会和环境的双重效益，为未来城市和乡村的融合发展提供了重要参考。在此背景下，GrowUp Box 等创新项目展示了如何通过科技和生态设计，成功实现小规模农业生产与社区参与的融合，为未来的农业发展提供了新思路。

（1）生态农业理念的融入：未来的田园综合体设计将更加注重生态农业的原则，强调土壤健康、生物多样性和生态系统服务。景观规划将融入多样化的植物配置、自然栖息地和生态廊道，促进生态循环和自然恢复。

（2）可持续性与绿色基础设施：设计中将采用绿色基础设施，如雨水管理系统、湿地恢复和有机农田，减少对环境的负面影响。生态农业的实施不仅能提升土地的生产力，还能提高田园综合体的生态价值，吸引更多游客和居民参与。

成长盒子 GrowUp Box 是由凯特·霍夫曼和汤姆·韦伯斯特在 2013 年建立的可持续商业城市农场，是一个小规模的农业生产单元及活动和社区参与空间，致力于以对当下和未来都有利的社区和环境养活人们。

在一个装运容器里，主要养殖的鱼类是罗非鱼。养殖池位于盒子的下部，有充足的空间供其生长，更能保证罗非鱼的口感。而在盒子上部主要种植莴苣和生菜，利用垂直种植技术，将 400 棵植物分布种植在柱子中，植物的养料则来自下面鱼儿们的排泄物，通过水循环和过滤系统维系这个小型共生系统。GrowUp Box 每年能够生产超过 435 公斤的可持续色拉和香草及 150 公斤的鱼类（见图 5-129）。

图 5-129　GrowUp Box "鱼菜共生"的可持续商业城市农场

总之，田园综合体作为一种新型的乡村发展模式，具有广阔的发展前景。通过科学合理地设计与规划，田园综合体不仅能够推动农村经济的转型升级，还能实现城乡的协调发展。未来，随着社会资本的不断注入和科技的进步，田园综合体将在乡村振兴中发挥更加重要的作用。通过不断创新与完善，田园综合体将成为推动农村可持续发展的重要力量。

课件

第6章 智能交互景观设计

随着科技的迅猛发展，智能交互设计逐渐渗透到各个领域，尤其在景观设计中展现出独特的优势。智能交互景观设计不仅关注用户的物质需求，更注重用户的心理需求和情感体验。本章将探讨智能交互景观设计的理论基础、设计思路及其在实际案例中的应用，旨在为未来的景观设计提供新的视角和方法论。

6.1 智能交互设计的背景与理念

6.1.1 背景

近年来，城市化进程的加快使得人们对居住环境的要求不断提高。传统的景观设计往往侧重于视觉美感和空间布局，忽视了用户的参与感和互动体验。然而，随着用户对居住环境的需求不仅限于物质层面，更向心理和情感层面延伸，智能交互景观设计应运而生。这种设计理念强调通过技术手段增强用户与环境之间的互动，提升用户的参与感和归属感。

在这种背景下，智能交互设计不仅仅是对景观的装饰，更是对用户体验的深刻理解。通过传感器、智能设备和数据分析，设计师可以实时获取用户的反馈，进而调整和优化景观设计。这种以用户为中心的设计思维，促使景观设计从单向的信息传递转变为双向的互动交流，使得景观空间变得更加灵活和富有生机。

此外，智能交互设计还能够有效应对现代城市生活中的诸多挑战，如环境污染、交通拥堵和社会孤立等问题。通过智能技术的应用，设计师可以创造出更为友好和可持续的城市环境。例如，荷兰Marjan van Aubel Studio 设计的 Marjan van Aubel 光与太阳能汽车互动装置是受雷克萨斯委托的项目，该项目结合太阳能电池、光和运动传感器，展示了碳中和技术的潜力。该装置是对雷克萨斯未来零排放催化剂（LF-ZC）的重新构想，通过太阳能电池板提升美学价值和满足消费者需求，推动可再生能源的发展。装置以全尺寸的方式展示，悬挂的 PVC 面板嵌入有机光伏电池，将电能传输到下方平台的巨型电池，供电给运动感应 LED（Light Emitting Diode，LED）。这些 LED 可以根据游客动作或时间变化，呈现出鲜艳的色彩，形成灯光秀。这一作品标志着 Van Aubel 的太阳能艺术首次进入实际艺术领域（见图 6-1～图 6-4）。

图 6-1 光与太阳能汽车互动装置（1）

图 6-2　光与太阳能汽车互动装置（2）

图 6-3　光与太阳能汽车互动装置（3）

图 6-4　光与太阳能汽车互动装置（4）

6.1.2　理念

　　智能交互景观设计的核心理念是以用户为中心，强调用户的参与和体验。与传统的景观设计不同，智能交互设计不仅关注景观的美观性和功能性，更注重用户在使用过程中的感受和反馈。通过引入智能技术，设计师能够更好地理解用户需求，创造出更加个性化和人性化的景观环境。

　　在这一理念的指导下，智能交互景观设计强调以下几个方面：

　　（1）用户参与：智能交互设计鼓励用户积极参与到景观的使用和维护中。通过互动装置和应用程序，用户可以实时反馈自己的需求和建议，设计师则可以根据这些反馈不断优化景观设计。这种互动不仅增强了用户的参与感，还提升了景观的适应性和灵活性。例如，在数字化时代，人影粒子互动墙作为一种创新的交互方式逐渐受到关注。这种系统基于投影和传感器技术，允许人们的影子与墙上的粒子互动。当人们站在墙前，影子接触粒子时，粒子会做出相应反应，形成动态视觉效果。

　　人影粒子互动墙的独特之处在于其丰富的表现力，能够创造出有趣的图案和动态效果，使静态墙面生动活泼。这种互动不仅增强了人与环境的联系，还提供了无限的创意空间（见图 6-5）。

图 6-5　人影粒子互动墙

　　（2）情感体验：智能交互景观设计关注用户的情感需求。通过创造富有趣味性和互动性的景观元素，设计师可以激发用户的情感共鸣，使他们在使用景观时获得更深层次的满足感。例如，智能健身教练结合了人工智能技术和多样化的健身课程，为用户提供个性化的健身体验。这种系统通过内置摄像头和 AI 算法，实时捕捉用户的运动姿势，进行动作纠错和反馈，从而帮助用户保持正确的锻炼姿势。同时，智能教练还能够根据用户的运动数据和表现，推荐适合的课程。该系统支持多种课程，包括力量训练、瑜伽、有氧运动、HIIT 训练等，覆盖全年龄段的健身需求。此外，智能健身教练的多样化课程设计还满足了从初学者到进阶运动爱好者的不同需求（见图 6-6）。

　　（3）可持续发展：智能交互设计强调可持续性，旨在通过技术手段减少资源消耗和环境影响。通过智能监测和管理系统，设计师可以实时监控景观的使用情况，优化资源配置，降低能耗。同时，

图 6-6　智能健身教练

智能交互景观设计还可以通过教育和引导用户，提升他们的环保意识，促进可持续生活方式的形成。

太阳能智慧座椅采用了太阳能电池板，可以将太阳能转化为电能，为座椅提供电力。这种设计不仅环保，而且节能，减少了对传统能源的依赖。除了环保和节能的特点，太阳能智慧座椅还具有智能化的功能。座椅内置了传感器和控制系统，座椅配备了充电接口，可以为手机、平板等设备提供充电服务，方便用户在户外使用。此外，太阳能智慧座椅还具有美观大方的外观设计。外观简洁大方，可以与各种环境相融合。无论是公园还是广场，太阳能智慧座椅都能成为一道亮丽的风景线。总之，太阳能智慧座椅是一种集环保、节能、智能化于一体的产品。它的出现不仅为人们的生活带来了更多的便利和舒适，还展示了科技与环保的结合（见图 6-7）。

图 6-7　太阳能智慧座椅

（4）科技融合：智能交互景观设计是科技与艺术的结合。设计师在创作过程中，充分利用先进的技术手段，如虚拟现实（VR）、增强现实（AR）、传感器和大数据分析等，提升景观的互动性和趣味性。这种科技融合不仅丰富了景观的表现形式，还为用户提供了更加多样化的体验。

音景是指通过声音与环境的互动所创造出的特定听觉氛围或体验。它不仅包括自然界的声音（如风声、鸟鸣、流水声等），还包括人工环境中的声音元素，例如音乐、声音装置或环境音效。音景常常被用于提升人们对环境的感知和情感反应，在艺术装置中，音景通过与空间、视觉或感官的融合，能够为参与者带来更深刻的沉浸式体验。

例如，休斯敦市中心的装置艺术 Hello Trees 就是一个艺术与科技结合的典型案例。Hello Trees 位于休斯敦市中心的百年橡树下，它包含一系列发光拱门与收听站。在路径两端，麦克风允许人们向树木发送信息，录制的声音经过拱门转化为音乐。沿着小路行走时，路人会被树叶的美丽和音景所打动，音景由声音和舒缓的旋律构成。这个声光互动装置从地面延伸到树冠，体验者输入语音信息后可以听到来自"树"的回应，帮助体验者释放压力并增强与自然的联系。当多个声音相互作用时，会触发特殊的光和声音效果，仿佛树木在响应（见图 6-8）。

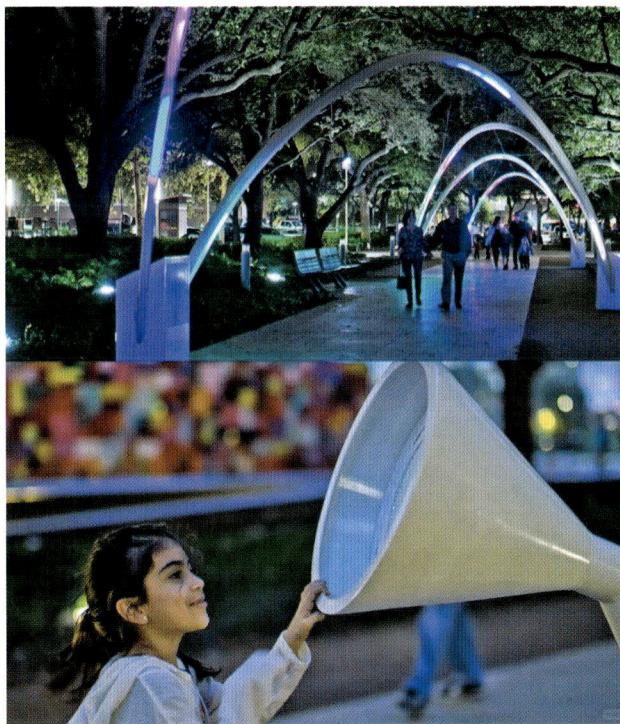

图 6-8　装置艺术：Hello Trees

在这个装置中，音景不仅是一种声音的再现，它还创造了一个动态的环境，其中声音和光的交互丰富了参与者的感官体验，增强了人们对大自然的感知与连接。

综上所述，智能交互景观设计在设计背景和

设计理念上体现了对用户需求的深刻理解和对技术的积极应用。通过将智能交互技术与景观设计相结合，设计师能够创造出更加人性化、可持续和富有活力的城市环境，满足人们对生活品质的追求。未来，随着技术的不断进步和用户需求的不断变化，智能交互景观设计将继续发展，成为推动城市可持续发展的重要力量。

6.2 智能交互景观设计的理论基础

6.2.1 景观设计的交互方式

1. 图像交互

图像交互通过数据图像实现人与外界的沟通。在景观设计中，用户的体验主要分为两个部分：景观图像输入和景观图像识别。

（1）景观图像输入：通过摄影、扫描等手段获取物体的实体数据，并将其转化为数字图像信息，以便存储和检索。

（2）景观图像识别：用户可以欣赏和理解交互式景观图像，识别其中感兴趣的目标和对象，从而获得视觉上的愉悦（见图 6-9）。

图 6-9   儿童互动装置——书河

2. 动作交互

动作交互，又称行为交互，具有丰富的参与性和互动性。这种动态的交互方式体现了人性化和快速反馈的特点，依据具体的动作和交互媒介可以分为接触式动作交互和非接触式动作交互。

例如，数字艺术家史蒂文·库布勒（Steven Kübler）在巴黎罗兰·加洛斯使用 Touch Designer 创作了一个互动视觉装置，过路的行人可以与之互动（见图 6-10）。此外，数字艺术工作室 iregular.io 也利用 Touch Designer 在圣洛朗大道展示了一个巨型互动装置，路过的人们同样可以参与其中（见图 6-11）。这些作品充分展示了动作交互的潜力。

图 6-10   街头 Touch Designer 动态交互装置

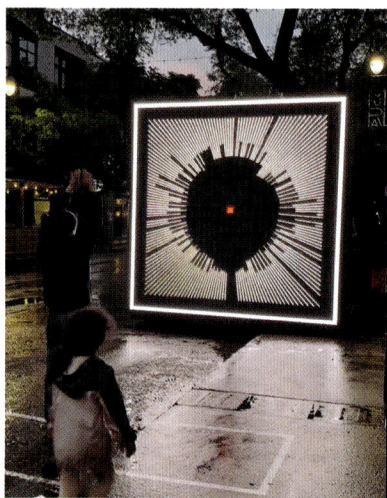

图 6-11   巴黎室外 Touch Designer 落地交互装置

3. 声音交互

声音交互是一种通过音频信号实现人景之间交互的沟通方式，包含声音输出和声音识别两个部分。声音输出利用传感器（如麦克风）接收音频信息并将其存储到多媒体数据库中。在设计听觉交互景观时，选取与景观匹配的声音信号，通过播放设备进行输出。

AI 音乐科普互动装置以其智能和互动性为特色，为用户提供新的体验。通过内置的 AI 技术，它能够识别用户的手势，触发相应的音乐和灯光效果，实现音乐与灯光的同步互动。用户挥动手势的同时，不仅能感受到音乐的节奏，还能欣赏到灯光的精彩变化，这种视听结合的体验增强了公共空间的娱乐性和教育性（见图 6-12）。

图 6-12　AI 音乐科普互动装置

4. 多点触控交互

多点触控（multi-touch）充分利用计算机技术，根据用户在使用过程中的需求进行操作。触控装置可以同时接收多个输入信号，实现多点交互运算。这种基于人机系统的交互方式是智能交互景观研究的主要方向之一。

例如，城市连接投影互动墙由七个区域组成，每个区域聚焦于参观者在更大展览中可能遇到的不同参数：建筑密度、水资源管理、食品生产、能源发电、基础设施及其韧性、运输，以及材料浪费和再利用。与每个参数连接的物理刻度盘使游客能够修改和调整这些参数的优先级，改变眼前的景观，并实时查看这些决策对土地利用、生物多样性、污染和生活质量的影响（见图 6-13）。

图 6-13　城市连接投影互动墙

6.2.2　交互景观设计分类

交互景观设计可分为体验式交互景观设计、创作式交互景观设计和虚拟式交互景观设计。

1. 体验式交互景观设计

体验式交互景观的设计重点在于让人们能够亲自参与到互动中，从而享受其中的乐趣。这种人与景观的互动方式能显著提升用户的体验感。在设计时，不仅要考虑到景观美化城市的功能，还需要关注人们在生理和心理上的需求。

2. 创作式交互景观设计

创作式交互景观的一个显著特点是任何人都可以参与互动创作，这样不仅能够增强用户体验，同时，还能激励用户进行创作。在这种情况下，个体不仅是景观的使用者，同时也是景观的创作者，因

此景观创作的价值观也正在发生变化。

Anima 是由 BureauMoeilijkeDingen 创建的一个交互式装置，旨在促进人与机器之间的音乐即兴演奏。其操作方式类似于音序器，使用开源人工智能算法生成音乐序列，但又具备独特的特点。Anima不仅允许用户进行调整，还能充当音乐家角色，成为即兴演奏会中平等且积极的参与者。通过互动，无论是单独操作还是与多人合作，任何人都可以自由尝试音乐的创意和边界，仿佛在乐队中进行即兴演奏一样（见图 6-14）。

3. 虚拟式交互景观设计

用户在欣赏和体验虚拟式交互景观时，能够获得一系列反馈，这是其核心内容。这个过程主要分为视觉虚拟与行为虚拟两个部分。

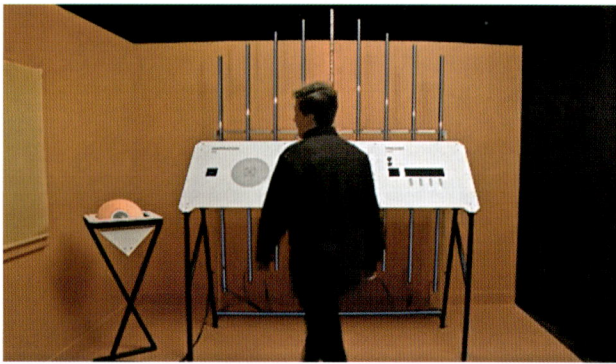

图 6-14　Anima：与人工智能共同创作

6.3　智能交互景观设计的思路

人们通常通过听觉和视觉来感知周围的世界。自 20 世纪 90 年代以来，智能信息技术的进步改变了交互景观的设计方式。随着 5G 信号的全面普及，科技设备与景观结合的设计趋势将变得更加明显。智能交互设计可以从人的感知、特性和控制三个方面来丰富交互景观的设计策略。这一过程涉及设计学、多媒体、信息技术、认知心理学、半导体技术等多个领域的融合。本节旨在通过人机交互、大数据和物联网的思维方式，探索智能交互景观的设计策略以满足不同年龄段用户的景观需求。

6.3.1　人机交互思维在智能交互景观中的运用

1.人机交互思维的设计策略

随着智能时代的到来，VR、AR 等新型设备的涌现，使得人机交互的理念从单一的人机界面设计扩展到了各种交互设备领域。在智能交互景观的设计中，人机交互思维主要通过可穿戴设备、虚拟现实和多媒体感知等技术，来增强用户的感知体验。

2.人机交互思维在景观设计中的运用

人机交互技术作为 21 世纪热门的技术之一，早已在景观设计中得到了应用。例如，耐克在菲律宾首都马尼拉建设的运动公园中，最引人注目的就是位于广场中心的巨大异形多媒体互动屏幕。当周围没有人时，这个弧形屏幕会播放多部运动短片；当运动相机探测到有人在周围跑步时，系统会通过多个动作捕捉相机和 AI 技术，实时在屏幕上生成

运动者的影像。在第一次跑步时，传感器会将运动者的信息传输到 LED 屏幕上；而在第二次跑步时，屏幕会显示运动者第一次的速度和状态，形成循环，从而激励用户不断自我挑战。此外，设计师还在系统中增加了一些国际著名运动员的跑步数据，以便为追求极限的体验者提供参考。这种人机交互的形式，使得即使一个人在公园里跑步，也会觉得非常有趣（见图 6-15、图 6-16）。

图 6-15　LED 屏跑道（1）

图 6-16　LED 屏跑道（2）

6.3.2　大数据思维在智能交互景观中的运用

1.大数据思维的设计策略

大数据思维系统通过智能化的分析与对特定信息组的整理，更深入地了解用户的行为习惯和偏好。在信息智能化时代来临之前，大部分用户难以清晰表达自己的需求，导致设计师无法深入满足他们的期望。大数据思维运用数据分析和分类等技术，汇总和分析用户的个性化数据，从中提炼出用户的需求，最终通过交互景观的互动方式，更精准地满足用户的需求。

2.大数据思维在景观设计中的运用

在明尼阿波利斯广场中央，设置了一个名为

"情感收集器"的大型充气装置，这是基于大数据思维设计的智能情感交互景观。设计师利用大数据收集技术，对市民的正面和负面情绪进行汇总与分类。当正面情绪超过负面情绪时，人机交互系统会使气球缩小；反之，则会使气球增大。该设计实现了城市景观与市民之间的互动，让用户感受到关注。在夏季白天，系统根据市民的情绪调节喷雾强度，既能传达情绪信息，又起到消暑作用。夜晚，低能耗的 LED 灯将市民的情绪数据可视化，使行人能更直观地感受到他人的情感。此外，设计师还开发了专门的软件，让用户实时查看城市中市民情绪的变化（见图6-17～图6-19）。

图 6-17 "MIMMI"的大型充气装置（1）

图 6-18 "MIMMI"的大型充气装置（2）

图 6-19 "MIMMI"的大型充气装置（3）

6.3.3 物联网思维在智能交互景观中的运用

1. 物联网思维的设计策略

物联网思维与传统的交互景观设计截然不同，传统方法侧重于从实体中提取艺术感，而物联网思维则侧重于从人类与环境互动的媒介出发来进行设计。物联网产品是智能信息时代的产物，它将景观设施和公共服务设施与互联网连接，并通过模块化方式应用于动态数据监测中。这种思维对人们的控制、学习和反馈具有不可替代的价值。

2. 物联网思维在景观设计中的运用

近年来，各企业在物联网景观产品的开发上进行了诸多探索和尝试。相关调查显示，网络化的交互景观设计能够积极促进居住区用户之间的交流互动。通过将景观与社区 APP 联动，用户可以在平台上打卡、分享生活照片等，丰富日常生活。物联网思维能够通过数据控制有序整合景观功能模块供用户使用。随着人脸识别和监控技术的成熟，基于物联网思维的智能社区服务模式因其便利性、快速性和可操作性受到用户的欢迎，主要包括以下内容：

（1）智能看护：主要服务对象为儿童和老年人。在居住区内安装监控设备，实时监控老年人和儿童的安全。如果老人突发疾病，监控系统会立即捕捉信号，并通过社区 APP 通知家属和救援单位。当儿童在公共区域遇到陌生人或无人看管的大型宠物等危险情况时，监控设施会发出警报并通知家长。该系统有效减轻了中年人照顾儿童和老人的生活压力，子女在空闲时也可以通过看护系统与父母进行视频通话。

（2）无人超市：通过物联网系统，社区内建立了无人超市，方便下班晚的用户随时购买晚餐。同时，用户还可以通过物联网系统获取共享充电宝、共享雨伞等服务。如果用户出行不便，可以通过社区 APP 下单购买生活必需品，由专人送货到家（见图6-20）。

（3）苗圃认知：植物景观可以与教育相结合，在每棵树木旁边设置标识牌，设计师将植物的照片和相关信息存储在二维码中。居民通过手机扫描二维码便可以快速查看植物的名称和特性。这种设计不仅具备教育功能，还让整个居住区的植物景观变得更具教育意义（见图6-21）。

图 6-20　7-Eleven 无人自助商店

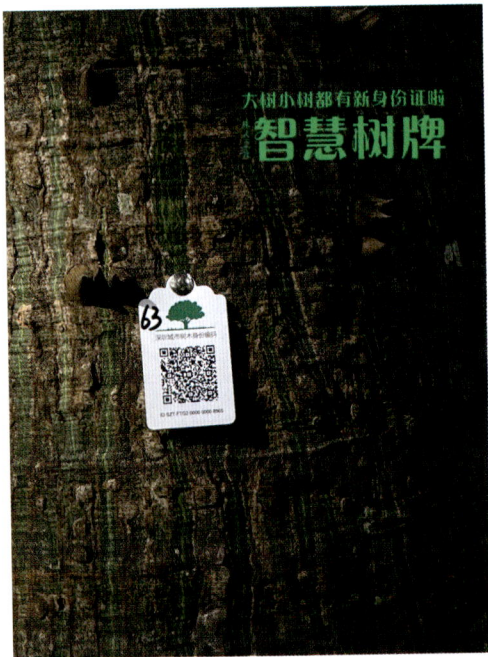

图 6-21　智慧树牌

6.4　智能交互景观设计案例解析

在智能交互景观设计的实践中，国内外多个成功案例为我们提供了宝贵的经验和启示。通过对这些案例的深入分析，我们可以总结出一些有效的设计思路和策略，以指导未来的景观规划与设计。

6.4.1　涂山湖数字科技公园项目方案

涂山湖数字科技公园项目是一个结合了生态、

科技与人文的现代城市景观设计，旨在提升城市居民的幸福感与生活质量。作为重庆市崇文路上最大的市民公园，该项目不仅为居民提供了一个休闲娱乐的场所，还通过智慧景观设计，创造了一个充满互动和科技感的公共空间（见图6-22）。

图 6-22　涂山湖数字科技公园工程（一期）景观方案设计

智慧景观设计的创新要素成为项目的核心组成部分，推动了公园的独特体验和功能实现。通过整合先进的科技手段与景观设计理念，涂山湖公园不仅提升了空间的使用效率，还为游客提供了更加丰富和互动的体验。这些创新要素不仅让公园的景观更具吸引力，也使其成为一个充满活力的社交和文化交流场所。

以下是一些具体的智慧景观设计创新要素：

1）智能设备的广泛应用

①动感喷泉：通过动感自行车控制水上喷泉的高度和形态。参与的人越多动能越大，喷泉喷射高度越高，形态越丰富。这种互动式的设计不仅增加了喷泉的趣味性，也提升了游客的参与感，如图 6-23 所示。

图 6-23　景观方案设计：动感喷泉

②LED 灯光系统：公园步道和主要景点周围安装了智能 LED 灯带，能够根据节日或活动主题变化灯光颜色和模式，营造出不同的氛围，增强夜间游览体验（见图 6-24～图 6-26）。

图 6-24　景观方案设计：禹书廊：方案一（1）

图 6-25　景观方案设计：禹书廊：方案一（2）

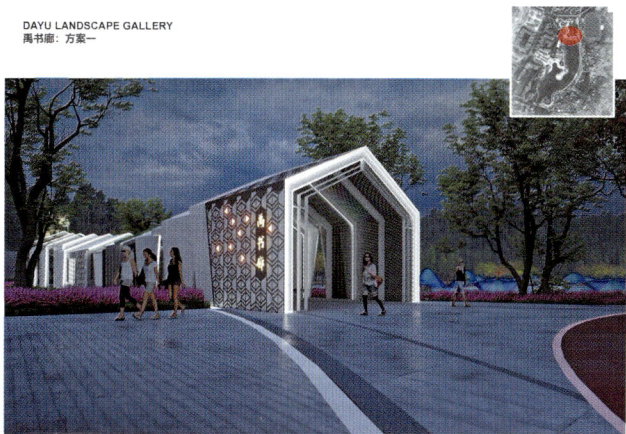

图 6-26　景观方案设计：禹书廊：方案一（3）

2）信息可视化与互动体验

游客 APP 操控系统：游客可以通过专属 APP 控制公园内的智能设施，如喷泉、灯光及音响系统，提供个性化的体验。这种便捷的操作方式使得游客能够更好地参与到公园的活动中（见图 6-27）。

图 6-27　景观方案设计：水上剧场

公园内设有信息展示屏，实时更新活动信息、天气预报及公园设施使用情况，方便游客获取相关信息，提升游园体验。

3）环境监测与管理

①智能监测系统：项目中引入了环境监测设备，实时监测水质、空气质量和客流量，确保公园环境的健康与安全。这些数据不仅为游客提供了安全保障，也为管理者的决策提供了依据。

②数据分析平台：通过数据分析和云计算技术，公园管理者能够优化设施的使用和维护，提高管理效率，确保公园的可持续运营。

4）教育与科普功能

沉浸式虚拟现实体验：公园内设置了 VR 体验区，游客可以通过虚拟现实技术了解涂山湖的生态环境和历史文化，增强教育意义。这种新颖的体验方式吸引了更多年轻人和家庭参与。

科普池与互动设施：设置科普池，配备互动设备，鼓励儿童和家庭参与水生态知识的学习，提升公众的环保意识，增加公众对自然的热爱（见图 6-28）。

5）可持续发展理念

①智能排水设施：项目中引入了智能排水系统，能够根据降雨量自动调节水位，减少滞水现象，提升公园的抗洪能力，确保公园在极端天气下的安全性。

②节能环保材料：在建设过程中使用环保材料和节能技术，降低对环境的负面影响，促进可持续发展，体现了现代城市公园的责任感。

FULL AGE LEISURE AREA
全龄休闲区域—儿童活动区-湿地戏水

图 6-28　科普池：儿童活动区的湿地戏水

　　总之，涂山湖数字科技公园项目是智慧景观设计的成功典范，通过智能设备的广泛应用与生态、科技和人文的融合，创造了一个高品质的城市公共空间。该项目不仅提升了居民的生活质量，也为其他城市的景观设计提供了有益的借鉴，展现了未来城市公园的发展方向。智慧景观设计不仅是技术的应用，更是对人们生活方式的深刻理解与关怀，未来的城市公园将更加注重人与自然、科技的和谐共生（见图 6-29～图 6-32）。

DAYU LANDSCAPE GALLERY
禹书廊：方案二

图 6-29　景观方案设计：禹书廊：方案二

FULL AGE LEISURE AREA
全龄休闲区域—动影追光墙

图 6-30　全龄休闲区域：动影追光墙

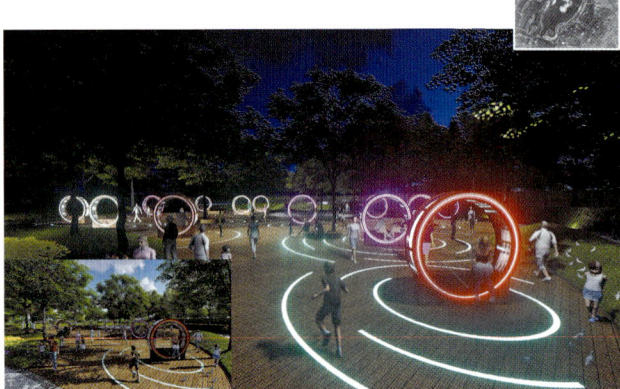

FULL AGE LEISURE AREA
全龄休闲区域—动感单车

图 6-31　全龄休闲区域：动感单车

TU SHAN WISDOM EYE
涂山之眼

图 6-32　涂山之眼

6.4.2　福建三明瑞云智慧新城山地公园项目方案

　　在现代城市发展中，智慧景观设计逐渐成为提升城市环境质量和居民生活质量的重要方法。以福建三明瑞云智慧新城山地公园项目为例，智慧景观设计不仅关注生态环境的保护，还强调科技与自然的融合，创造出一个高效、可持续的城市空间。以下是该案例的关键设计要点：

1. 生态优先的设计理念

　　智慧景观设计首先强调生态优先。项目中提出的生态策略包括使用本土植物，增强物种多样性和生态稳定性。这种设计不仅能有效改善城市微气候，还能为城市生物提供栖息地，形成良好的生态循环。通过雨水收集与利用系统，设计引入透水铺装和绿色屋面等手段，实现水资源的综合利用，减少城市内涝现象，确保生态环境的可持续性（见图 6-33）。

图 6-33　生态策略

2. 智能化设施的全面集成

智慧景观设计的一个关键要素是智能化设施的全面集成。在瑞云山地公园项目中，引入了多个智能设备，以提升公园的管理效率和游客体验。具体设备如下：

①智能厕所：配备自动清洁和监控系统，确保卫生条件，并通过数据分析优化维护频率。

②智能停车场：利用传感器和实时数据，提供停车位的实时信息，减少寻找停车位的时间，提高停车效率。

③自动售卖机：提供健康饮品和小吃，结合移动支付技术，提升便利性。

④智能健身器械：这些设备可以记录用户的运动数据，提供个性化的健身建议，增强游客的健身体验。

⑤AI互动系统：通过智能设备提供导览服务，游客可以通过手机应用获取实时信息和推荐，提升游园体验。

此外，智慧监控系统还可以实时监测园区内的人流量、性别比例、年龄段等数据，从而优化管理和服务，提高游客的满意度（见图6-34）。

图 6-34　智慧监控系统

3. 多功能空间的创造

智慧景观设计还强调多功能空间的创造。瑞云山地公园项目将运动、露营、观景和游憩等多种功能融为一体，满足不同人群的需求。这种设计理念不仅提升了空间的利用率，还增强了社区的互动性和凝聚力。通过设置儿童乐园、青年活动区和森林康养区等多样化的功能区，吸引了更多的市民参与到公园活动中来，提升了城市的活力（见图6-35～图6-37）。

图 6-35　瀚景：露营基地设计（1）

图 6-36　瀚景：露营基地设计（2）

图 6-37　瀚景：森林康养区

4. 科技与文化的结合

智慧景观设计还注重科技与文化的结合。项目通过数字投影、虚拟影像等技术手段，将传统文化元素与现代艺术设计相结合，创造出独特的文化体验空间。这种设计不仅丰富了公园的文化内涵，还为游客提供了更为生动和有趣的游览体验。通过设置文化展示区和互动艺术装置，游客可以更深入地了解当地的历史和文化，增强了文化认同感（见图6-38）。

图 6-38 智慧产业设计

5. 数据驱动的管理决策

智慧景观设计还强调数据驱动的管理决策。通过建立大数据平台，收集和分析游客的行为数据、环境数据等，管理者可以实时了解公园的使用情况和游客需求。这种数据驱动的方法使得公园管理更加科学，有助于及时调整运营策略，提升服务质量。例如，基于数据分析，管理者可以优化活动安排、调整设施布局，甚至在高峰时段增加临时服务（见图6-39～图6-42）。

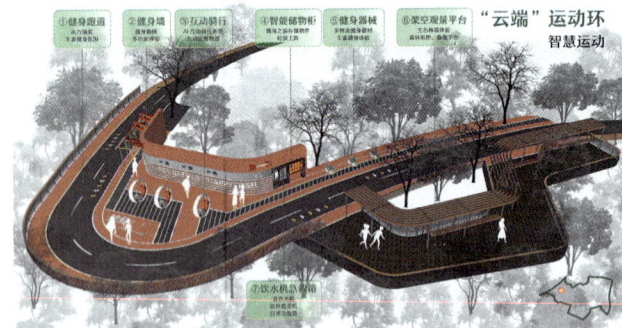

图 6-39 "云端"运动环：智慧运动

图 6-40 "云端"运动环：场地运动

图 6-41 "云端"运动环：养生运动

图 6-42 云端"运动环：休闲运动

6. 可持续发展的目标

最后，智慧景观设计的核心目标是实现可持续发展。通过合理的植物规划、智能化管理和多功能空间的设计，减少资源消耗和环境影响，推动城市的绿色转型。智慧景观设计不仅是对自然的尊重，更是对未来城市生活方式的前瞻性思考。通过引入可再生能源、绿色建筑材料等，实现人与自然和谐共生。

综上所述，智慧景观设计在现代城市规划中扮演着至关重要的角色。通过生态优先、智能化设施、多功能空间、科技与文化的结合、数据驱动的管理决策以及可持续发展的目标，智慧景观设计为城市的未来发展提供了新的思路和方向。随着科技的不断进步，智慧景观设计将会在更多城市中得到应用，以改善城市环境和提升居民生活质量（见图6-43～图6-45）。

图 6-43 智能设施设计

图 6-44　智能感应灯光

图 6-45　夜游体系

6.4.3　案例三：鄂尔多斯智慧体育公园综合解析

在广袤的鄂尔多斯地区，智慧体育公园以其独特的设计和先进的技术，赋予了这一公共空间独特的生机与活力。公园结合了当地的地理特征和生态环境，通过智慧管理和服务系统，为人们提供了全新的运动和休闲体验。以下是对这一综合性项目的详细分析，包括项目背景、项目目标、设计理念、技术应用和运营模式等多个方面。

1. 项目背景

随着鄂尔多斯市经济的快速发展，市民对健康和体育活动的需求不断增加。为了响应这一需求并推动全民健身，鄂尔多斯市政府决定建设智慧体育公园，利用现代科技手段为人们提供更优质的体育服务。这一项目不仅致力于提升市民的健身体验，还旨在推动当地体育产业的发展，增强社会互动（见图 6-46）。

2. 项目目标

①提升市民健身体验：通过智慧科技改善运动场所的管理与服务，增强市民的参与感和满意度（见图 6-47）。

②推动体育产业发展：建设现代化的体育设施，促进与体育相关产业的发展（见图 6-48）。

图 6-46　鄂尔多斯智慧体育公园智慧跑道

图 6-47　鄂尔多斯智慧体育公园足球场

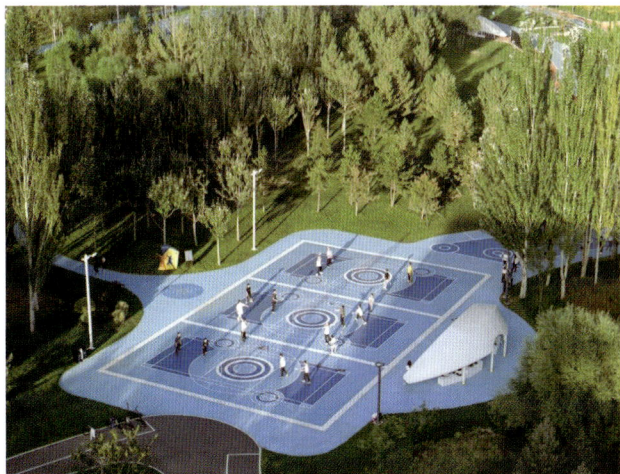

图 6-48　鄂尔多斯智慧体育公园羽毛球场

③增强社会互动：提供社交和互动的平台，鼓励社区居民参与各类体育活动（见图 6-49）。

3. 设计理念

①地景肌理的复现：设计师边保阳深入理解鄂尔多斯的自然景观，融合沙漠、草原与河流等多种地形特征，创造出西北—东南方向的景观走廊，反

映出库布齐沙漠和毛乌素沙地的独特地貌。公园的基底以草地的织构增强了人与自然的联系（见图6-50）。

图6-49　鄂尔多斯智慧体育公园社会互动

图6-50　全龄友好的综合性体育公园（1）

②全龄友好的综合性体育公园：公园的布局围绕环状"河流"跑道展开，设计多个功能区域，适合不同年龄层居民的运动需求，包括儿童、青少年及老年人。这样合理的空间规划促进了健康生活理念的传播（见图6-51）。

③儿童游乐场与家庭互动：作为公园的核心，儿童游乐场的设计与管理服务中心的整合，为家庭提供了一个安全、便于监护的游乐环境，增强了亲子互动的安全性（见图6-52～图6-54）。

④阳光下的"沙脊"：公园的景观设计保留了鄂尔多斯特有的疏林草地风貌，创造了适合露营、野炊及观看露天电影等活动的空间。通过设置膜结构的遮阳亭，为不同人群提供舒适的休息区域（见图6-55）。

图6-51　全龄友好的综合性体育公园（2）

图6-52　儿童游乐场与家庭互动（1）

图6-53　儿童游乐场与家庭互动（2）

图6-54　阳光下的"沙脊"

图6-55　鄂尔多斯智慧体育公园局部俯瞰图

4.技术应用

鄂尔多斯智慧体育公园引入了一系列先进技术（见图6-56），具体如下：

①智能健身设备：联网的健身器材可实时监测用户的锻炼数据，为用户提供个性化的健身建议。

②移动应用平台：用户可通过专属手机应用预约场地、查看活动安排及记录运动数据。

③大数据分析与云计算：通过收集用户运动数据，分析提升健身活动的组织效率，优化资源配置。

图6-56　鄂尔多斯智慧体育公园：技术应用

5.运营模式

鄂尔多斯智慧体育公园的运营模式主要如下：

①会员制度：鼓励市民注册成为会员，享受定制化服务与优惠。

②活动组织：定期举办各类体育活动和赛事，增强市民的参与感与提高社交机会。

③数据共享：与体育管理部门和健康机构合作，分享运动数据，为政策制定提供参考。

6.实际成效

自2023年8月建成以来，鄂尔多斯智慧体育公园成为市民休闲和运动的热门场所，儿童游乐场尤为受欢迎。智慧公园的建设显著提升了市民的健身参与率与满意度，增强了社区互动，成为人们社交的重要场所。

7.未来展望

鄂尔多斯智慧体育公园的成功经验为其他城市的体育公园建设提供了借鉴。未来的拓展方向如下：

①设施升级：不断引入新型健身设备与技术，保持公园的现代化和吸引力。

②跨界合作：与健康、旅游等行业合作，形成综合性的服务体系。

③绿色发展：在公园建设中注重生态环境保护和可持续发展。

总之，鄂尔多斯智慧体育公园通过智慧设计与地方特色的融合，创造了一个美观、功能丰富的公共空间，提升了市民的生活质量。公园不仅是人们运动和休闲的场所，更是智慧与生态相结合的城市名片，未来将在城市建设和居民生活中继续发挥重要作用（见图6-57）。

图6-57　鄂尔多斯智慧体育公园俯瞰图

6.4.4　奥雅沈阳公司：济南舜泰智慧停车公园项目综合解析

1.项目背景

济南，作为山东省的省会，近年来经历了快速的城市化进程。在这一过程中，机动车保有量不断上升，导致城市停车难题日益严重。为了解决这一问题,济南市政府与舜泰集团合作,推出了以智能停车管理为核心的智慧停车公园项目。同时,高新区舜泰广场于2011年建成,面积约12万平方米,成为济南东部重要的商务办公集群。随着入驻企业的增多,办公人员车辆的停放需求日益增加,原有的活动场地和市政公园已无法满足使用需求。因此,高新区园区建设服务中心于2022年11月启动了舜泰体育广场项目,该项目总占地面积约3万平方米,以优化营商环境,提升区域的商业品质(见图6-58)。

图6-58 济南舜泰智慧停车公园(1)

2.项目目标

该项目设定了如下几个明确的目标:

①提高停车效率:通过智能化管理系统,减少车主寻找停车位的时间,提升整体停车周转率。

②提升用户体验:提供便捷的停车服务及信息查询功能,优化车主的停车体验,减少等待和排队的时间。

③优化城市交通:通过有效管理停车资源,缓解城市交通拥堵,提高道路通行能力。

3.设计理念与空间结构

智慧停车公园项目以智慧停车为核心,整合停车设施与商业空间。地下部分用于停车,地面则打造为公共绿地,服务市民。设计灵感源自"山泉济南",体现"森岛泉语,山林石泉"的自然美感,融入了泉水与浪花的柔美姿态。项目将"商业广场、自然公园、儿童乐园、竞技体育"四大功能模块有机结合,旨在创建一个集休闲、体育、商业和停车为一体的公园综合体(见图6-59)。

图6-59 济南舜泰智慧停车公园(2)

项目的空间结构由三大环线组成,各自代表不同的活动模式(见图6-60～图6-63):

图6-60 济南舜泰智慧停车公园(3)

图6-61 济南舜泰智慧停车公园(4)

①竞技运动环:

设置中央足球场、环形塑胶跑道、三人制足球场、篮球场和网球场等多种运动设施,为周边居民

图 6-62 济南舜泰智慧停车公园（5）

图 6-63 济南舜泰智慧停车公园（6）

和从业者提供良好的运动休闲环境。

通过灯光设计延长使用时间，确保运动场地在夜间同样安全和明亮，鼓励居民参与锻炼。

②都市商业环：

设有主要形象入口，配以视觉冲击的装饰设计和 LED 屏幕，吸引人流并提升商业氛围。

星光剧场作为人流聚集点，采用金属渐变冲孔设计，结合灯光效果，打造夜间的璀璨体验。

③休闲生活环：

场地周围种植超过 300 株大型乔木和数百株花灌木，营造出浓厚的绿色景观。

设置雨水花园，通过自然渗透实现智能化排水，促进雨水资源的利用，减缓城市热岛效应。

4. 技术应用与运营模式

智慧停车公园项目采用了一系列先进技术（见图 6-64），具体如下：

图 6-64 济南舜泰智慧停车公园（7）

①智能停车引导系统：利用电子显示器和手机应用程序，引导车主快速找到可用车位，有效减少寻找停车位的时间。

②自动识别系统：通过车牌识别技术，实现无感支付和车辆进出管理，提升通行效率。

③数据分析：利用大数据分析工具，实时监控停车需求和车位使用情况，从而优化停车资源配置。

③物联网技术：通过传感器和网络连接，实现对停车位的实时监控与管理，提高管理效率。

其运营模式主要包括：

①用户注册和支付：用户可以通过手机应用进行注册，预约车位并在线完成支付，简化停车流程。

②停车位管理：通过后台管理系统，实时监控停车位的使用情况，确保车位资源的合理配置和及时调整。

③数据共享：与交通管理部门共享停车和交通数据，为城市整体交通管理提供依据和支持。

5. 实际成效

智慧停车公园的实施带来了显著成效，具体如下：

①停车效率提升：车主寻找停车位的平均时间减少了 50%，有效提升了停车场的使用率。

②用户满意度提升：便利的服务和管理方式显著提高了用户的满意度，回头率也有所增加。

③环境改善：因寻找停车位而造成的交通拥堵问题得到了缓解，城市交通流畅性有了明显提升。

6. 设计师寄语与未来展望

设计师表示,济南舜泰智慧停车公园将以崭新的面貌展现在大众面前,成为一个融合立体停车、地下商业、休闲健身的活力综合体。项目不仅提供功能空间,还关注使用者的情感体验,力求营造出有温度、有记忆的精神空间,推动城市向更加绿色、宜居的方向发展。

未来,项目可考虑向以下几个方面扩展:

①智能停车系统的推广:将智慧停车系统推广至更多城市和区域,进一步提升停车管理的普及率。

②与公共交通结合:整合公共交通信息,实现无缝换乘,为用户提供更便捷的出行选择。

③智能化升级:持续引入新技术,如人工智能和区块链等,进一步提升停车管理的智能化水平,增强系统的整体效率和安全性。

总之,济南舜泰智慧停车公园项目充分体现了现代城市发展对生态和商业环境的双重关注,利用先进的技术和管理模式,有效地解决了城市停车难题,提升了用户体验,优化了城市交通。随着技术的不断发展和应用,该项目将为城市交通管理和智慧城市建设提供持续的支持和动力。通过巧妙的设计与合理的空间布局,项目将为济南的可持续发展做出重要贡献。

6.4.5 案例分析总结

通过对以上案例的分析,我们可以提炼出一些成功的设计策略,包括用户参与、技术应用及环境整合等方面的经验。首先,用户参与是智能交互景观设计的核心,通过设置互动装置和应用程序,设计师能够激发游客的参与热情,增强他们对景观的认同感。其次,技术应用是实现智能交互的重要手段,设计师应充分利用传感器、增强现实等技术手段,提升景观的互动性和趣味性。最后,环境整合是确保景观设计成功的关键,设计师应关注景观元素之间的协调与融合,创造出一个和谐、舒适的游览环境。

佛山文化公园智慧体育案例介绍-投石科技

6.5 智能交互景观设计的实践意义

1. 提升居住环境质量

智能交互景观设计能够有效提升居住环境的质量,满足用户对舒适生活的需求。通过智能技术的应用,景观能够更好地适应用户的需求,提升居民的生活质量(见图6-65)。

图 6-65 趣味交互设计(1)

2. 促进社会互动

智能交互景观设计,能够拉近人与人之间的距离,促进社区的互动与交流。设计中的互动元素能够吸引居民参与社交活动,增强社区的凝聚力(见图6-66)。

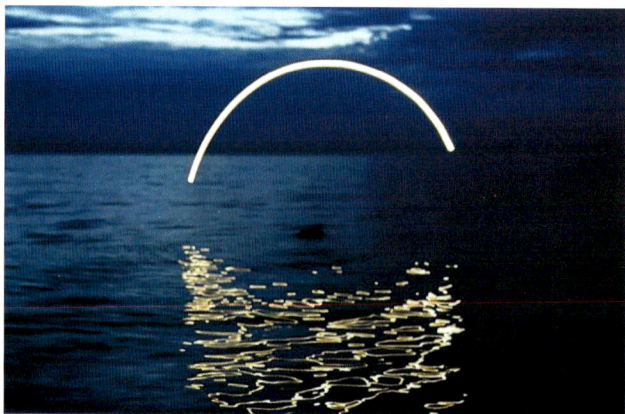

图 6-66 趣味交互设计(2)

3. 适应时代发展

智能交互景观设计紧跟科技进步与时代发展,满足现代用户对生活品质的追求。随着物联网和人工智能技术的发展,未来的景观设计将更加智能化和个性化(见图6-67)。

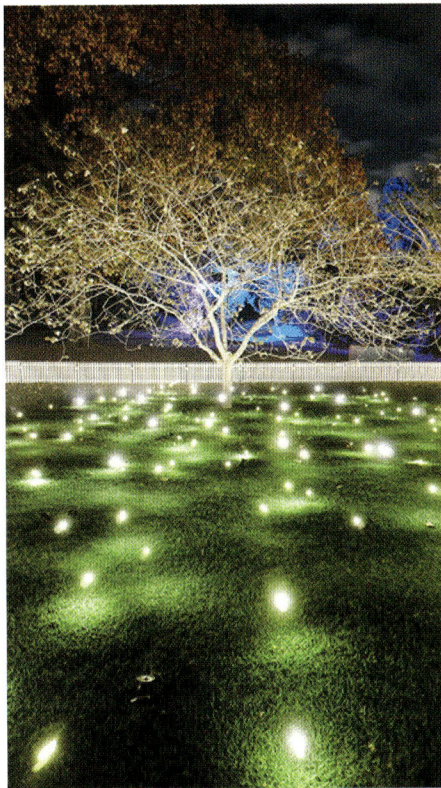

图 6-67　趣味交互设计（3）

6.6　结论

1. 总结

本章从智能交互景观设计的背景、理论基础、设计理念及实践案例等多个角度，全面探讨了这一新兴领域，旨在为现代景观设计的创新提供理论支持与实践指导。在分析智能交互设计理念的过程中，我们深入探讨了智能技术在景观设计中的应用潜力，尤其是人机交互、大数据思维与物联网思维的交汇与融合。可以发现，智能技术的融入不仅能够增强景观的互动性与体验感，还能够有效改善空间的功能性与可持续性。

同时通过一系列实际案例，如涂山湖数字科技公园、福建三明瑞云智慧新城山地公园、鄂尔多斯智慧体育公园及济南舜泰智慧停车公园等典型项目，展示了智能交互景观设计的多样性与创新性。这些案例不仅展示了智能交互技术在景观设计中的实际应用效果，也为未来的智能景观设计提供了宝贵的实践经验与启示。

总体来看，智能交互景观设计不仅是景观艺术与技术相结合的创新成果，更是未来城市空间发展方向的重要体现，具有显著的社会价值与经济潜力。

2. 展望

尽管本章对智能交互景观设计进行了全面的探讨，但随着科技的不断进步和社会需求的变化，智能交互景观设计仍然面临许多问题和发展机遇。因此，未来的研究应聚焦于以下几个方面：

（1）智能交互技术的深度集成与创新：未来的景观设计可以进一步挖掘智能交互技术的潜力，探索虚拟现实、增强现实、人工智能等技术在景观中的应用，创造出更具沉浸感和互动性的景观体验。例如，结合大数据和人工智能，可以根据用户的行为和偏好实时调整景观功能与氛围。

（2）生态与智能的协同发展：智能交互景观不仅应考虑技术的应用，还需要考虑环境的可持续性。未来研究可以探索如何将智能技术与生态设计理念深度融合，提升景观的生态功能，促进人类与自然的和谐共生。

（3）用户体验的个性化与智能化：随着技术的进步，用户的需求越来越个性化，智能交互景观设计也应更加关注如何实现高度个性化的用户体验。未来的研究可以探索如何利用人工智能、大数据等技术实时分析用户需求，并根据这些需求对场景进行动态调整，创造更加定制化的互动场景。

（4）智能交互景观的社会影响与可持续发展：随着智能技术的普及，智能交互景观将不再局限于功能性空间的设计，而是逐渐转向社会和文化价值的赋能。未来研究可以从社会学、心理学等角度探讨智能交互景观对人类行为、社会互动及文化传承的影响，推动景观设计的更广泛应用和发展。

（5）跨学科合作与设计创新：智能交互景观设计涉及多个学科领域，包括建筑学、城市规划、计算机科学等。未来的研究可以加强跨学科合作，促进各学科之间的融合与创新，推动智能交互景观设计向更高层次发展。

总之，随着科技的不断进步，智能交互景观设计将不断推陈出新，成为未来城市建设的重要组成部分。未来的研究应围绕技术创新、生态设计、用户体验等多个方面展开，以实现更加智能、互动、可持续的景观设计。

课件

第7章 景观设计与建造

7.1 设计手法

评价景观设计的显著性或重要性时，其中一个重要标准是其视觉效果，这包括视觉秩序的统一性、比例、尺度、对比、平衡和韵律等因素。这些元素能够唤起情感、引发反应、唤起记忆并激发用户的想象力。从整体来看，环境艺术设计是一种旨在创造愉悦视觉体验的活动，是一个追求美感的形态塑造过程。

7.1.1 形式美的法则

1. 统一与变化

景观设计不仅是外观的设计，更是将环境基本元素与复杂功能结合的过程。设计师的首要任务是实现平面、立面、功能和视觉的统一。

1）平面的统一与变化

平面形状的统一是最基本的统一形式。简单的几何形状，如三角形、正方形和圆，能够迅速产生视觉上的统一感。这些几何形状中的景观元素（如植物、装置、设施等）自然地融入统一的几何平面中。以埃及金字塔和古罗马建筑为例，这些历史建筑的成功正是基于几何原理，通过清晰的形状和严格的比例来营造一种和谐感。

埃及的金字塔采用了简单对称的四面体结构，不仅在视觉上产生了强烈的统一感，同时也象征着古埃及的权力和永恒（见图7-1）。而在古罗马的万

神殿，其圆形的穹顶与方形的基础相结合，创造了令人叹为观止的空间感，展示了建筑与功能的完美结合（见图7-2）。

图7-1 吉萨金字塔

图7-2 意大利罗马万神庙圆拱顶

锡耶纳的"坎波广场"（Piazza del Campo）呈现出一个扇形的几何设计，广场的形状使周围的建

筑围绕着中心区域统一布置。每年的"帕利奥赛马"在此举行，广场的几何布局不仅功能性强，还在视觉上形成了一种聚焦感，强调了空间的统一性（见图7-3）。

图7-3　意大利锡耶纳坎波广场

2）风格的统一与变化

在环境设计中，不同景观元素的协调统一往往具有挑战性。为了加强这种统一性，可以采用以下两种方法：

①从属关系：通过次要元素支持主要元素，利用中心布局和衬托主体的景观元素来增强视觉聚焦，特别是在纪念性环境中。例如，在华盛顿特区的林肯纪念堂，纪念堂的主体建筑以其雄伟的柱廊和雕像为中心，周围的景观元素（如步道、树木和水池等）则起到了衬托和支持的作用。这种设计使得游客的视线自然而然地集中在林肯雕像上，增强了其纪念意义（见图7-4）。

图7-4　林肯纪念堂和波托马克河的俯瞰图

②细部协调：不同元素的细节和形状需要协调一致，以避免环境的杂乱。例如，在东京的代代木公

园，公园内的座椅、灯具和步道等元素的设计风格统一，采用了简约现代的风格，色调和材质的一致性使得整体环境显得整洁和谐。较小的附属元素应与主体形状相似，以达到景观的整体统一（见图7-5）。

图7-5　东京代代木公园俯瞰图

此外，采用相同几何形状的元素也可以增强协调感。例如，在巴黎的香榭丽舍大街，街道两旁的树木和路灯设计成相似的几何形状，并保持了一定的高度和间距，这种形状和尺寸的一致性有效地增强了整个街区的整体感，使得行人在这个空间中感到舒适和宁静（见图7-6）。

图7-6　法国巴黎香榭丽舍大街航拍全景

3）色彩和材料的统一与变化

色彩协调是实现统一的重要手段。通过选择合适的植被和表面装饰材料，可以形成主导色彩，从而达到统一和协调。例如，在新加坡的滨海湾花园（Gardens by the Bay）中，设计师使用了多种植物来创造丰富的色彩层次，然而大部分植物的色调和花色都围绕着温暖的橙色和黄色展开，这不仅突出了花园的热带特性，还形成了视觉上的一致性（见图7-7）。

表面材料的色彩对比可以创造戏剧性的统一效果，但需避免趣味上的矛盾。以悉尼歌剧院为例，其白色的帆形屋顶与周围深蓝的海水形成鲜明对比，营造出一种引人注目的视觉效果。其外观设计独特，且整体色调的对比恰到好处，使得这一标志性建筑在不同天气条件下都能保持视觉吸引力（见图7-8）。

图7-7　新加坡的滨海湾花园

图7-8　悉尼歌剧院

在许多成功的建筑实例中，某种色彩或材料占主导地位，而对比色仅用作点缀，以避免平均对待。

2. 对称与均衡

天平常被用作设计中的平衡类比。为了保持平衡，重物必须等距放置于支点两侧。在视觉艺术中，均衡是观赏对象的重要特性，表现为视觉分量的相对平衡。观众在浏览时会在两侧之间来回游荡，最终停留在均衡的中心，产生一种满足感。强调均衡中心可以增强这种感受，尤其在复杂环境中。

对称是均衡的一种简单形式。自然界中的生物和人造结构常采用对称布局，这种设计传达出庄严与稳定的感觉，常见于纪念性环境。尽管环境的三维视觉使均衡问题复杂，但人的眼睛能够调整视觉变形，因此可以通过研究立面图探索均衡原则。

1）非对称的均衡

对称平衡常与古典设计相关，而非对称平衡多见于中世纪或哥特式构图。非对称均衡在当代设计中尤为重要，设计师们越来越倾向于非对称均衡。非对称均衡指的是没有明确轴线的平衡，例如人体侧面虽然不对称，但依然给人稳定感。环境中的各种要素也能通过视觉重量，实现复杂的平衡，关键在于元素的位置和视觉焦点的设置。

在非对称均衡中，均衡中心需被强调，否则难以察觉。复杂的非对称组合需要明确的中心标记，以避免视觉散乱。例如，高线公园是位于美国纽约曼哈顿的一座空中花园，原为废弃的高架铁路，经过改造后成为一条长约1.45英里（约2.3km）的城市公园。其设计理念强调非对称平衡，通过多样的植被配置、步道设计和公共艺术品，创造出一个充满活力的社区空间（见图7-9）。

图7-9　美国纽约的高线公园

2）整体的均衡

环境艺术设计中的均衡不仅限于静态视觉，还包括运动中的视觉感受。设计的平面布局决定了景观元素的安排和观者的视线顺序。一个人的活动路径可能因为环境变化而改变，可以通过视觉暗示来引导。整体均衡并不要求在每个视点上都对称，而是通过整体体验获得平衡。

环境设计需关注运动过程，确保在每个不平衡的场景中逐步引导观者回归均衡状态。这种均衡追求的是从宏观角度看整体的和谐，而非局部的平衡。最终，平面的设计应支持这种整体均衡，而不仅是局部构图。例如，安藤忠雄的水庭院项目，利用水面反射和光影变化来创造动态的视觉体验。建筑与自然环境的结合是其设计的一大特色。在不同的视角下，水面和周围景观的变化让观者感受到平衡。无论是静止还是移动，水庭院的设计都通过不断变化的光影和水波，引导观者的视线，使其在空间中感到自然与和谐（见图7-10）。

图7-10　安藤忠雄的水庭院项目

3. 节奏与韵律

在体力劳动中，短暂、有规律的动作交替可以帮助肌肉恢复，使得动作更易完成。这种动作的转换像钟摆摆动，形成韵律。在视觉艺术中，韵律是元素的系统重复，元素之间具有关联性。环境艺术中的韵律由可见元素如光影、色彩、图案、结构等组成，影响整体效果。

韵律能将散乱的感受统一，帮助人们识别并形成模式。例如，人们倾向于将距离相近、亮度相似的星星视为星座。强烈的韵律增强了艺术的感染力，帮助人们更好地理解形式和情感。

1）韵律的形式

视觉艺术中的韵律主要有以下四种表现形式：

①造型的重复：相同的造型和元素反复出现，如灯、柱、墙等，即使间距不同也不影响韵律感。

②间距的重复：元素大小或形状不同但间距相同，依然能形成韵律，例如不同字体在统一的间距下保持美感。

③渐变韵律：基于不同重复形式的韵律，按规律变化，如平行线条间距逐渐增减，形成运动感。

④自然韵律：现代艺术中的韵律概念十分多样，既包括有规律的韵律，也包括自由且自然的韵律，后者更侧重于表现空间和环境中的复杂变化，给人一种不拘泥于规则的流动感和自由感。

在环境艺术中，韵律不仅仅是元素的重复，还涉及动态体验。人们在空间中通过运动感知不同元素的组合形成复杂的韵律，带来独特的体验。

2）空间的韵律

在环境艺术中，韵律不仅体现在建筑立面和细节之处，还体现在空间的韵律中。例如巴黎的蓬皮杜艺术中心（Centre Pompidou）通过其开放的布局展现了空间韵律的无限魅力。艺术中心的内部空间划分明确，展览区域、休息区和服务设施通过宽敞的通道相连，形成了一种有序的流动关系。不同大小和形状的空间变化为观众提供了清晰的视觉指引，使得参观体验极具吸引力（见图7-11）。

图7-11　法国巴黎蓬皮杜艺术中心建筑造型外观

室外环境的空间韵律同样不可忽视，虽然它不如室内那样明确，但蓬皮杜艺术中心周围的公共广场通过丰富的景观元素和雕塑，增强了空间之间的互动与连贯性。游客在广场上可以从不同的视角和高度欣赏到周围的建筑与城市景观，形成了动态的视觉体验。无论是在室内还是室外，平面布局中的韵律都加强了人们的运动感和方向感，带来了愉悦的探索体验，使得每一次的参观都成为一种新的探索。

3）韵律对环境的影响

韵律具有无可争辩的吸引力。观者会自然而然地被具有韵律的视野吸引，韵律设计能吸引视觉和注意力。

①韵律能体现节奏感：如罗马西班牙台阶，其设计如舞蹈般优美，建立了低处和高处的联系（见图7-12）。

图 7-12　意大利罗马的西班牙台阶

②韵律能体现庄重氛围：一些建筑通过严格的韵律关系构建庄重氛围，如故宫博物院、南普陀寺，通过对称布局和元素重复加强气氛（见图 7-13、图 7-14）。

图 7-13　故宫博物院

图 7-14　南普陀寺航拍全景

③韵律能体现方向性：通过元素的排列和间隔强调方向，多个柱子能创造出动感和韵律，提升空间的可读性。例如，希腊雅典的帕特农神庙（Parthenon）。在这座古典建筑中，柱子的排列和间隔设计不仅提供了视觉上的引导，还强调了建筑的庄重和对称美。神庙的多根多立克柱子以均匀的间距排列，形成了一条清晰的视觉引导线，引领参观者从入口向内部延伸。柱子的高度和比例也创造了一种动感，给人一种向上的力量感，增强了空间的层次感（见图 7-15）。

图 7-15　希腊雅典帕特农神庙

此外，柱子的精巧细节和雕刻装饰进一步丰富了视觉体验，使得整座建筑在阳光照射下呈现出动态的韵律感，吸引游客驻足欣赏，感受古希腊建筑艺术的魅力。设计师通过韵律关系构建环境，形成有机系统，使之成为视觉艺术的重要组成部分。

4. 对比与微差

对比与微差是密切相关的概念。在复杂的环境艺术中，协调的秩序通常比混乱的秩序更为重要，这对建筑和城市设计的美学至关重要。然而，优秀的设计应避免单调，应该有吸引力和焦点，生活的乐趣往往源自自然界中的对比。在城市环境中，这种愉悦感也来自对比。例如，在西班牙的托莱多（Toledo），昏暗的小巷与明亮的市政广场之间的鲜明对比，带来了独特的城市体验。

一般而言，对比应适度控制，以免造成感知负担过重。建筑中复杂与简单之间的合理比例是保持秩序的关键，而和谐则是对比的内在限制。过度的对比会造成夸张和刺激，而缺乏对比则可能导致单调。在城市规划、建筑、环境艺术和装饰艺术中，对比的运用几乎是无处不在的，包括形式和非形式的对比，比如建筑与空间、街道与广场、软硬景观、色彩与质感等方面的对比。设计者面临的挑战在于找到合适的对比度，以避免混乱与竞争。而微差则是指在统一性中的细微变化，追求最大程度的统一和最小程度的变动。

7.1.2 装饰要素的利用

在环境艺术设计中，装饰要素的运用是至关重要的。它们不仅影响着空间的视觉效果，更深刻地影响着人们的情感体验。下面，我们将深入探讨几个关键的装饰要素，看看它们是如何在设计中发挥作用的。

1. 色彩

里卡多·莱格雷塔（Ricardo Legorreta）在设计中对色彩运用的独特看法是："我不是要做一面红色的墙，而是需要一个红色的元素，可能是墙。"

1）色彩的基本理论

在讨论环境中的色彩之前，首先需要了解色彩的基本理论。色彩可以分为自然光下的基本颜色（如红、绿、蓝等）和色调（如黑、白、灰）。三原色可以混合产生其他颜色，例如，红与绿可以形成黄，绿与蓝可以形成青，红与蓝可以形成洋红。光的三原色混合会形成白色，而颜料的三原色混合则趋向于黑色，这是因为颜料通过吸收其他光色来呈现其颜色。

值得注意的是，环境中的色彩与绘画中的色彩存在显著差异。画家可以自由调控色彩，而环境中的色彩需要适应季节、时间和天气等因素，并与周围的人工和自然环境相协调。例如，在日本的京都，春天樱花盛开时，粉嫩的樱花与青翠的竹林相映成趣，形成了一幅生动的自然画卷，展现了环境中色彩的和谐美。这种和谐不仅提升了空间的美感，也为人们创造了舒适的视觉体验（见图7-16）。

图 7-16　日本京都盛开的樱花

因此，环境艺术设计应在广阔的城市背景下进行，努力在不和谐的环境中创造出和谐的效果。设计师需要充分考虑不同环境中色彩的变化，以增强空间的吸引力与舒适度，从而为人们提供更好的生活体验。

2）城市中的色彩设计

成功的色彩设计没有严格的准则，也不应仅视为装饰或设计完成后的附加步骤。色彩是设计的基本要素，能有效解决设计问题。里卡多·莱格雷塔（Ricardo Legorreta）强调，色彩不仅是形式的附属品，而是能引发情感变化的重要元素。他在《建筑实录》中提到，色彩能够将墙壁转变为绘画。莱格雷塔巧妙运用当地材料，如岩石和植物，创造出独特的色彩感。

19世纪以前，欧洲城市发展缓慢，建筑多使用当地材料。尽管建筑风格不断变化，但这些材料的使用仍使城市保持视觉和谐，材料的颜色成为其历史的一部分。例如，在牛津的大街上，不同风格的建筑通过统一的尺度和以赭色为主的表面颜色而协调一致，形成了特定的色彩范围。城市设计者面临的挑战是如何捕捉这种色彩搭配，同时保持各中心的个性和特征（见图7-17）。

图 7-17　英国伦敦摄政街和牛津街交叉口

色彩是城市生活的重要组成部分，是描绘城市装饰效果的关键因素。为提高城市装饰的有效性，应制定相关策略，以提供色彩指导，涵盖区域、道路节点和路标等主要因素。从色彩角度看，城市形象通常受到人文和自然环境的深远影响，城市设计者需要敏感地捕捉到这一点，并对当地环境的色彩进行全面调查。此外，色彩也可用于突出重要建筑和地标，为特定场所赋予个性。

3）环境艺术中的色彩设计

在环境艺术设计中，丰富的色彩和质地是实现设计目标的重要因素。除了灰色和白色，生活需要更多的色彩，这与材料的选择密切相关。色彩和质地是相互依存的。

色彩的种类很多，而建筑材料（如石材、金属、木材、砖等）的固有颜色是有限的。在材料的使用过程中，可以通过人工或自然处理，改变其本质，避免单调的印象。例如，在西班牙的巴特罗之家（Casa Batlló）的设计中，安东尼·高迪通过对传统材料的大胆运用与色彩的独特组合，成功地创造了一种既现代又富有表现力的建筑语言。高迪在设计中使用了丰富的色彩和不同的材质，不仅打破了传统建筑的单调感，还使得建筑本身成为一种视觉艺术作品（见图7-18）。

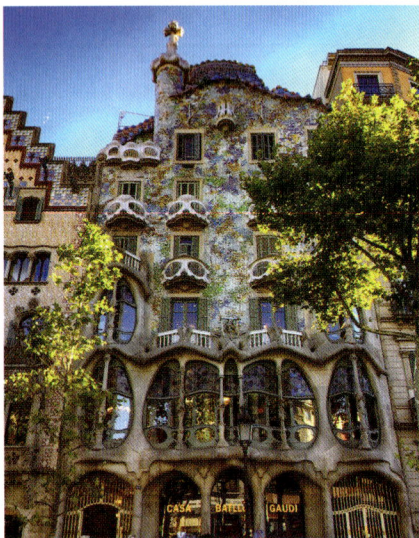

图7-18　巴特罗之家

4）色彩与人的心理

色彩在环境中起着重要作用，心理学研究表明，色彩能够引发回忆、作为隐喻，并激发情绪，如喜悦、舒适、新奇、混乱或愤怒。

然而，人们对色彩的喜好各异，很难达成一致，这可能会影响设计的效果。我们可以通过理解和有针对性地运用色彩来避免误区。

此外，色彩的意义与其周围环境、面积和材料等因素密切相关。环境中的记忆也会影响人们对色彩的感知。时间、空间、光线、体积和数量等因素同样重要，都会影响人们对色彩的感觉。

5）色彩的对比

不同色彩和亮度相邻时会产生凹槽效应，色调边缘会相反变化。对比色的"滞后印象"效应值得关注：红色的滞后印象是蓝绿色，黄色的滞后印象是紫色。使用对比色彩能带来鲜明的效果，且不影响色泽。浅色与深色并列时，色值对比更强，而色值相近时，色泽对比更显著。色板大小也影响对比效果，尤其在大面积应用时，色值和色泽对比更明显。小区域（如点和线）上的强烈对比容易导致视觉灰暗，而相邻的相似色彩在小区域表现最佳。例如，许多砖石墙的应用，虽然砖石都来自同一采石场，但每块砖石的色彩和颜色深浅上有细微差别，混合在一起，可以形成和谐的视觉效果（见图7-19）。

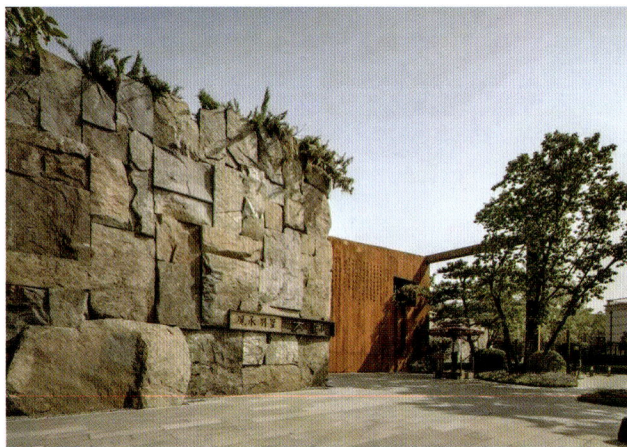

图7-19　砖石景观案例

6）色彩的和谐

相似或密切相关的色彩通常让人们感到愉悦，最佳效果来自暖色和冷色的合理搭配。相似色，如色环上相邻的颜色，能够体现情感并影响人们的心情。在自然界和传统建筑中，常能见到这种色彩效果。例如，日落时的红色到橙色的渐变，秋天的红、橙、黄的变化。花朵的颜色变化也表现出和谐感，如中央的黄色花蕊与深橙红玫瑰花瓣的阴影相结合。

互补色的强烈对比则能带来兴奋感。通过将暖色与冷色搭配，互补色可以增强彼此的效果，如蓝与橙、绿与红。在自然界中，鸟类和花卉中常能见到这种配置，如紫色花朵的黄色花蕊和蓝色鸟类的橙色羽毛。在日本的许多庭院中，尤其是秋季，红色的枫叶与常绿植物（如松树和竹子）的搭配展现强烈的色彩对比。秋天的枫树变得鲜红，与常青的松树形成了一幅美丽的画面。这种搭配不仅吸引了游客的目光，还体现了四季变换的美感（见图7-20）。

对比色的和谐还包括在白色背景上使用黑色。

这种中性色的配置理性而复杂，通常给人理智的感觉。在北欧地区，特别是英国，切斯特等典型的黑白建筑展示了这种色彩协调所带来的美感（见图7-21）。

图 7-20　六义园里的红叶

图 7-21　英国切斯特的主要街道景观

2. 图案

图案是装饰艺术的重要内容，人们通过创意思维和敏锐观察，将生活和生产中的视觉经验提炼并规则化，形成图案。根据表现内容的不同，图案可分为自然形图案（如动物、植物等）和几何形图案（如正方形、圆等）。几何图案以审美为主要功能，也可用于象征目的。

图案中的纹样分为单独纹样和连续纹样。单独纹样可分为角纹样、边缘纹样，并根据结构分为规则纹样和不规则纹样。规则纹样有直立式、辐射式等，不规则纹样则表现为平衡结构。连续纹样则包括二方连续纹样和四方连续纹样，基本结构有散点式、线式等。

图案凝聚了人们对生活和环境的认识，将视觉素材、创作法则和丰富想象结合，表达人们对生存环境的思考与期望。它以不同的表现形式融入环境，传递特定含义，激发人们愉悦、哀伤或振奋的视觉体验（见图7-22）。

图 7-22　鳞纹在景观砖墙的应用

1）自然界中的图案

自然界中动植物的特有图案具有实用价值，且是在不同环境下形成的。某些动物的斑纹有助于其生存。自然界存在两种重要的变化趋势：一种是动物形成的伪装图案，以避免被捕食者发现；另一种是醒目的图案，旨在吸引注意力。

我们常误认为自然界的图形是不规则的，但实际上，从星体到海浪、从结晶到植物的叶脉与花朵，再到动物的形态，都有基本图形和规律性。人类所认为的简单几何图形，实际上源自对自然界的观察与提炼，体现了自然的有序性。

2）中国古典图案

我国传统图案有着悠久的历史和辉煌的成就。我国图案崇尚内在含义，在实际生活中，人们习惯将常见的植物、动物等用图案的形式装饰在器物上。有时具有谐音的事物用图案表现出来，就是一幅富有吉祥寓意的作品。在图案中，人们看到的是图案，但心里感受到的却是图案以外的语言含义。也就是说除了形象美、形式美以外，还有寓意美、比喻美和语言美。

中国传统图案作为中华文化的重要组成部分，承载着深厚的历史底蕴和民族特色，经过千百年的传承与发展，形成了各具时代特点的艺术风格。从商周时期的青铜器图案到秦汉时期的瓦当纹样，从唐宋时期的瓷器装饰到明清时期的织绣图案，这些传统图案无不展示着古代工匠们的精湛技艺和无限创意。它们不仅具有极高的艺术价值，还蕴含着丰富的文化内涵和象征意义，成为连接过去与现在的桥梁，让后人得以窥见古代社会的风貌与审美追求（见图7-23）。

与传统图案相比，中国的民间图案更多地体现了人民群众的智慧与创造力。它们源于生活，又超越生活，以简洁明快、生动活泼的形式表达着人们对美好生活的向往与追求。无论是喜庆的剪纸图案，还是寓意吉祥的刺绣作品，民间图案都以其独特的艺术魅力赢得了广泛的喜爱。这些图案不仅丰富了人们的文化生活，还传承了中华民族的优秀传统美德与民俗风情。它们如同一面镜子，映射出民间社会的丰富多彩与勃勃生机（见图7-24）。

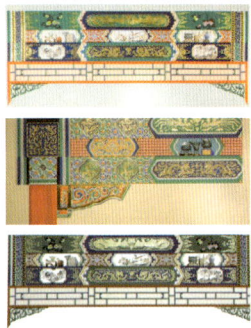

图7-23　古建筑彩画　　　图7-24　中国吉祥图案

中国古代建筑以木结构为主，为了保护木材免受侵蚀，很早以前人们用油漆来保护木结构部分。随后，彩绘成了中国建筑装饰的独特艺术形式。春秋时期有"山节藻"的记录，即在建筑梁架上的短柱上绘有水藻的纹样。秦汉时期，在华贵建筑的柱子、椽子上也会有龙蛇、云团等图案，南北朝时期则流行一些佛教纹样，如莲瓣、卷草、宝珠等。唐朝也形成了一定的制度和规格。明清时期的图案更加程式化并作为建筑等级划分的一种标志（见图7-25）。

图7-25　北京北海公园牌楼古建筑

3）国外古典图案

国外古典图案主要包括非洲图案、欧洲图案和

波斯图案三大类。这些图案通常是再现自然，风格写实，变形较小，强调美与真实的统一，注重理性思维的认识作用。

①非洲图案：以古埃及图案为代表，主要由动物和几何纹样构成，常采用对称构图，几何图案以四方连续的形式出现，常用于帝王墓穴。常见图案包括象征幸福的莲花、可书写的纸草，以及太阳、牛头、鹰和甲虫等象形文字图案（见图7-26）。

图7-26　埃及象形文字

②欧洲图案：最早以古希腊图案为主，主要以植物的掌状叶和忍冬草装饰神庙室内，人物装饰也极具代表性。后期，意大利和法国的艺术代表性更强，文艺复兴时期的图案尤为突出，特征包括球心式、放射式、对称式和回旋式构图，常描绘自然形象，使用的色彩丰富（见图7-27、图7-28）。

③波斯图案：以精细、华丽著称，题材广泛，包括植物、动物、人物、几何图形和文字等。波斯图案通常采用对称构图，建筑中多使用植物和几何纹样，有时也结合文字（见图7-29）。

ART GRECO - ROMAIN. (Style Pompéien.)

图7-27　希腊罗马装饰设计庞贝风格

图 7-28　意大利教堂门上装饰的巴洛克式鼓室

图 7-29　伊朗波斯建筑 - 天花板上的壁画

3.质感

质感是材料表面呈现的特征，体现了材料独特的肌理，如光滑或粗糙、柔软或坚硬、冰冷或温暖等。人们通常通过触摸或视觉来感知材料质感，结合对材料表面纹理的理解，形成对材料的综合体验。环境艺术设计追求的是视觉和触觉的丰富体验。

1）材料的特性

材料的特性可以从四个方面定义：形式、强度、耐久性与可塑性。形式包括体量、形状、肌理、色彩等特征，展示了环境的艺术本质；强度反映材料的抗应力能力，决定其局限性和潜力；耐久性与气候条件相关，耐久材料可以提升环境质量；可塑性是指材料形状的可改变性。

2）材料本质的艺术表现

设计中需控制材料的视觉效果，以确保与其他视觉目的相协调。设计的每个阶段都需要考虑材料的表现。弗兰克·劳埃德·赖特在作品中对材料的形式、强度和耐久度表现出敏感性，但他不将可塑性视为材料特性，而是强调材料的原始状态。例如，他在其作品"流水别墅"的建筑材料的使用

上，强调了材料本身的固有属性（见图 7-30）。

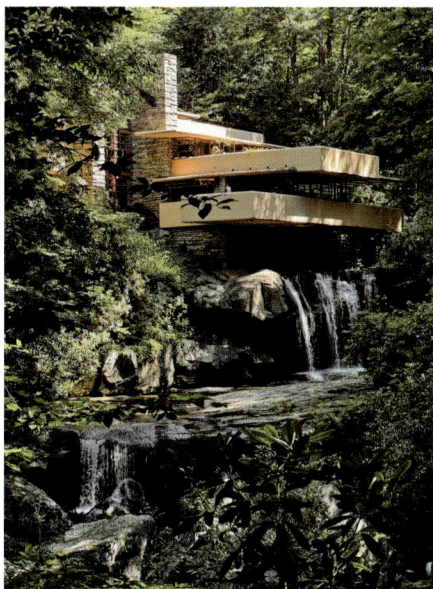

图 7-30　赖特：流水别墅

3）材料的选择

材料的选择是设计过程的重要部分，影响作品的视觉效果。在应用多种材料时，必须考虑材料类型和地域性原则。使用地方材料有助于降低成本并与环境融合，同时当地气候特征也对材料选择有着至关重要的影响。

4）材料"性格"的表现

材料的使用不应仅仅局限于结构选择或表面装饰的层面，而应更加深入地关注其内在的精神特质。环境的性格是由多种因素共同塑造的，包括功能需求、几何关系、基地特征以及艺术理念等。在这些因素的影响下，材料能够传递出坚韧、柔和、细腻等不同的特性。在整体和谐的环境中，材料能够巧妙地融入并表现出微妙的变化，为环境增添层次感和丰富性。而当环境追求清晰与确定性的表达时，材料可能会展现出一定的模糊性或不确定性，这种特性同样可以为环境创造增添独特的韵味。

7.1.3　利用艺术品的处理手法

1.绘画

1）绘画的种类

①油画：使用透明油料调和颜料，在布、纸、木板上创作。

②水彩画：用水调和透明颜料，通过纸张和颜料的渗透表现独特的艺术效果。

③版画：利用硬质材料制作原版，通过印刷技术复制多张相同作品的艺术形式，称为"复数艺术"。

④素描：以单色涂画为基础，通过线条和阴影塑造形态和空间感的古老艺术手段。

⑤中国画（水墨画）：中国画（水墨画）是一种在中国传统纸张上，运用水和墨（有时也加入色彩）进行创作的艺术形式，强调意境与技法。

以上五种是基本类型，衍生出如水粉画、丙烯画等多种风格，地区和民族也有特殊绘画形式。

2）绘画风格与环境

绘画能够表现环境特性并起到装饰作用，主要形式有壁画和挂画。壁画直接绘制在建筑表面，与建筑整体存在，需考虑环境因素，如潮湿和光照等。挂画则是将装裱后的作品悬挂于墙面（见图7-31）。

图7-31 西班牙皇宫内景

绘画的题材、形式、风格须与环境功能和意境相协调。无论是壁画还是挂画，其尺寸和比例关系都需合理，画框和装裱形式也是重要的衔接元素。

3）绘画的题材与功能

绘画源于旧石器时代，最初用于对自然和生活的描绘。古希腊时代后，绘画开始用于装饰，古罗马继承了这些传统。绘画的题材与环境功能密切相关，不同历史时期的风格和流派反映了特定环境的审美需求。

日本的枯山水庭园设计灵感源于传统绘画，通常通过石头、沙子和植物来模拟山水的景观。这种园林设计不仅是一种艺术表现形式，也为人们提供了一个静谧的空间，促进了人与自然的和谐（见图7-32）。

图7-32 日本高野山金刚峰寺蟠龙庭枯山水

2. 雕塑

雕塑以其独特形象成为环境的景观，强化了环境主题并深化了空间意境。

1）雕塑的种类与形式

雕塑可分为圆雕和浮雕两大类。圆雕是三维空间的完全立体作品，稳定地坐落于台座或地面，适合全方位观赏。它的实际体量与绘画的虚拟体量有本质区别，通过光影变化表现细节，与轮廓线共同构成雕塑造型的基本语言。作为主要形式，圆雕记录了人们的视觉和触觉体验，包括雕塑表面的触觉感、体量感，以及外观与重量的一致性。

圆雕又分为单体圆雕和群雕（复体圆雕）。由于其强烈的视觉效果和明确主题，圆雕在空间中形成视觉中心，须与环境相协调，创造统一和谐的艺术效果，赋予其独特的艺术魅力。

浮雕是一种介于圆雕和绘画之间的艺术形式，其空间构造可为三维立体或三维立体兼具平面特征。浮雕的特点是形体的压缩，使其二维特征更加突出，通常为特定视点或装饰需求而设计。浮雕在构图、题材和空间上能够展现圆雕所不能表现的内容，具备更强的叙事性。

浮雕分为高浮雕和浅浮雕。高浮雕压缩程度小，三维特征接近圆雕，利用空间起伏形成强烈的视觉冲击；而浅浮雕压缩程度较大，平面感强，主要依赖绘画手法表现抽象空间。此外，透雕是一种镂空形式的浮雕，它保留物象部分并去除依托部

分，形成虚实空间共存的效果，显得更为空灵而不沉闷，结合了圆雕和浮雕的特点。

2）雕塑题材与功能

雕塑在广场、街道和大厅等空间的主要功能是美化环境并明确其意义，同时连接和组织空间，形成以雕塑为中心的社会和文化环境。根据题材，雕塑可分为三类：

纪念性雕塑：以重要事件和人物为主题，内容严肃庄重，富有精神内涵。它在城市环境中充当精神象征，具有持久的影响力。纪念性雕塑通常采用写实手法，形式包括头像、半身像、全身像、群像等，并占据重要的环境位置，如广场中心和重要建筑前，周围需留出足够空间供纪念活动使用，如图7-33所示是成都市天府广场毛泽东雕像。

标志性雕塑：具有独特的视觉特征和丰富的表现形式，能概括区域特征并作为标识。在城市或重要区域中，标志性雕塑常成为该地的重要象征。比如，芝加哥的"云门"（Cloud Gate），这座雕塑由印度裔英国艺术家安尼什·卡普尔（Anish Kapoor）设计，形状像一个巨大的液态水滴，表面反射着周围的城市景观和天空，因其反射效果而被称为"豆子"或"芝加哥豆"。它位于千禧公园，是芝加哥的标志性艺术作品之一，象征着城市的现代化和创新（见图7-34）。

装饰性雕塑：作为内外环境的重要组成部分，具备装饰性、趣味性、互动性和功能性。其主要功能是美化环境，并在环境中发挥组织作用，表现形式和题材多样，常与其他环境元素（如植物和构筑物）结合设计（见图7-35）。

图 7-33　毛泽东雕像　　　　图 7-34　云门

3）雕塑风格与环境

雕塑可分为具象和抽象两种风格。

具象雕塑是指可辨认的具体形象，直接反映外界，运用严格的透视和解剖原理，追求物象的形似，通过细致的刻画获得真实效果（见图7-36）。

抽象雕塑则强调艺术家的主观意念，运用点、线、面、体、色等抽象或几何元素，在空间中进行分离或组合，以非具象的形式追求纯粹性和规则性（见图7-37）。

图 7-35　创意景观雕塑　　　图 7-36　雕塑《艰苦岁月》

雕塑必须与环境有机融合，确立其艺术内涵。它应与宏观环境统一、与微观环境协调，具备社会和文化意义。这种融合体现在题材、风格、材料和尺度等方面，不仅仅是将大型作品在公共空间中展示，还要与公众进行互动。

图 7-37　景观抽象雕塑

4）环境设施的雕塑性

在信息化时代，环境设施对周围环境的装饰变得尤为重要。墙上的艺术作品和桌上的鲜花主要用于美化环境，而椅子和壁橱的实用功能虽然更为明显，但其在空间中的视觉效果往往更为突出。在城市环境中，诸如柱子、钟塔和喷泉等功能性街道设施，除了实用价值外，也具有象征意义。候车亭、街灯和长凳等设施尽管功能性强，但设计时也应注重其美观，使其成为吸引人的风景。

环境设施的重要目的在于建立和强化地区的独特人文特征，通过设计和布局体现该地区的历史背景、文化传承和社会价值观。这些设施不仅是功能性的建筑或设施，更是地区身份的象征，它们通过视觉和空间的表达，使人们能够感受到独特的地方文化与氛围。环境设施的规划和建设能够加深居民和游客对该地区的认同感，提升地区的文化影响力，同时促进地方特色的传承与创新。

合适的环境设施能赋予特定城市或区域独有的特征。例如，巴黎地铁的入口采用独特的新艺术风格，具有较强的吸引力（见图 7-38）。

图 7-38　巴黎地铁入口

7.2　景观设计的流程与步骤

景观设计是一项复杂而富有创造性的工作，其目标是在特定的环境条件下，创造出既美观又实用的空间。以下是景观设计的流程与步骤，每个步骤都是设计成功的关键环节。

1. 设计任务的承担

在景观设计项目启动之初，设计任务的承担是一个至关重要的环节。设计任务的承担通常由设计师或设计团队负责，他们需要全面了解项目的需求、范围及预期目标。设计任务书是明确项目要求和范围的关键文件，它通常包括项目背景、目标、预算、时间表等重要信息。设计师需通过与项目业主（甲方）的沟通，确保对任务书中的每一项要求有清晰地理解，以确保后续工作的顺利进行。

2. 研究和分析工作

研究和分析是景观设计的基础步骤。这个阶段包括对项目所在地的详细调查，涵盖自然环境、气候条件、地形地貌、土壤类型和植被等方面。研究工作还需了解当地文化、历史背景及社区需求。通过收集这些信息，设计师可以更好地理解场地的特点和限制，并为后续的设计提供科学依据。

3. 准备基本图纸

在研究和分析的基础上，设计师需要准备一系列基本图纸。这些图纸包括场地的现状平面图、地形图、植被图及交通流线图等。基本图纸不仅为设计师提供了场地的视觉信息，也为初步设计奠定了基础。这些图纸应准确反映场地的现状，以便在设计过程中进行有效的参考和调整。

4. 场址现状景物分类与分析

场址现状景物分类与分析是对场地现有景物进行详细分类和评估的过程。设计师需要对场地内的自然景观（如山脉、河流、湖泊）、人工景观（如建筑物、道路）、植被（如树木、花卉）及其他相关元素进行分类和分析。这一过程可以帮助设计师识别场地的优缺点，并确定需要保留、改造或移除的景物，为设计方案的制定提供依据。

5. 征求甲方要求

设计师在初步了解场地现状后，需要与甲方（即项目业主或委托方）进行深入的沟通，征求他们的具体要求和期望。这包括对设计风格、功能需求、预算限制及时间安排等方面的要求。甲方的意见和建议对于设计的方向和内容有着重要影响，设计师需要综合考虑这些要求，并在设计过程中加以体现。

6. 设计过程

设计过程是景观设计的核心阶段，通常包括概念设计、方案设计和细节设计三个阶段。在概念设计阶段，设计师提出初步的设计构思和方案，以确定设计的总体方向和主题。方案设计阶段则进一步完善设计方案，包括具体的功能布局、空间组织和景观元素的配置。细节设计阶段则关注设计的具体实施细节，如材料选择、植物配置及施工工艺等。

7. 功能分区图

功能分区图是设计方案中至关重要的一部分，它将场地按照功能需求进行合理的划分。功能分区图展示了不同区域的用途，例如休闲区、娱乐区、绿化区等，并标明各个功能区域的具体位置和大小。这一图纸不仅有助于明确场地的使用功能，也为后续的详细设计和施工提供指导。

8. 设计构思图

设计构思图是设计师在方案设计阶段创建的初步草图，用于表达设计的基本构思和创意。构思图通常包括主要的设计元素、空间布局和设计风格等方面的内容。虽然设计构思图往往还不具备详细的尺寸和比例，但它为设计师提供了一个直观的视觉效果，并为进一步的设计细化和修改提供了参考。

9. 初步设计与设计草图

初步设计是对设计构思图的进一步发展和完善。在这一阶段，设计师将构思图中的设计思路将其转化为更为详细的设计草图，标明各个景观元素的具体位置、尺寸和比例。初步设计不仅考虑了美学因素，还需兼顾功能性和实用性。设计草图是对设计方案的初步展示，有助于设计师和甲方进行讨论和修改。

10. 总体平面设计与局部设计

总体平面设计是景观设计中最为关键的步骤之一，它涉及整个场地的布局规划，包括主要景观元素、交通流线、功能区域的配置等。总体平面设计需要综合考虑景观美学、功能需求和环境条件，确保设计方案的整体性和协调性。

在总体平面设计的基础上，局部设计则对特定区域或景观元素进行详细规划，包括对景观细节、装置、植物配置等方面的设计。局部设计需要结合总体设计方案，确保局部与整体的协调一致，并满足具体的功能需求和美学要求。

总之，景观设计是一项系统而复杂的工程，从设计任务的承担到最终的总体平面设计和局部设计，每一个步骤都至关重要。通过详细地研究、分析、设计和调整，设计师可以创造出既符合功能需求又具有美学价值的景观空间。每一步都需要设计师的专业知识和创造力，以及与甲方的密切合作。最终的设计成果不仅能提升场地的使用价值，也能为用户提供愉悦的体验。

7.3 建造与养护管理

建造与养护管理是建筑工程项目中至关重要的环节。其核心在于确保建筑物的设计意图得以实现，并在整个生命周期内保持其功能性和安全性。为了实现这些目标，施工图的准备和施工过程的管理，以及养护与维护策略都必须细致规划和执行。下面，我们将进行详细探讨。

7.3.1 施工图的准备

施工图是建筑工程中最基础且最重要的文件之一。它不仅体现了建筑设计的最终方案，而且是施工过程中的指南和依据。因此，施工图的准备工作至关重要，涉及多个方面的工作和考虑。

施工图的准备通常包括设计阶段和修订阶段两个主要环节。在设计阶段，建筑师和工程师会根据设计需求和规范，绘制出详细的施工图纸。这些图纸包括建筑平面图、立面图、剖面图、细部图等，全面展示了建筑物的结构、功能和装饰细节。设计阶段还需要进行图纸审核和修改，以确保其符合设计标准和客户需求。

在修订阶段，施工图需要经过各方专家的审查，确保其可操作性和准确性。施工图可能会根据施工现场的实际情况或新的设计要求进行调整。因此，修订和更新是确保施工图符合实际需求的重要过程。

7.3.2 施工图的类型

施工图的类型多样，主要可以分为以下几类，每一类都有其特定的作用和要求：

1. 总平面图（见图 7-39）

景观总平面图是景观设计中的关键图纸，展示整个项目的布局与规划。它包括地形、土壤信息、功能区划分、景观元素（如绿化带、花坛、座椅等）、道路与步道、水景设计、服务设施、建筑物位置、绿化与植被配置等内容，同时标明标高、坡度和尺寸等细节。该图为项目的施工和实施提供了全面的参考，以确保设计的准确执行。

2. 景观节点施工图（见图 7-40）

景观节点施工图是详细描述景观项目中各个关键结构部分的施工要求的图纸。它包括节点标识、尺寸、材料、施工细节、标高和坡度、构造方式、连接方式等内容。主要目的是确保景观设计在施工时能够精准执行，保障结构的稳定性和美观性。节点图通常由设计师和工程师合作制作，确保设计的实用性和安全性。

图 7-39 胶州市枫韵港湾小区景观设计总平面图

3. 园林构筑物施工图

园林构筑物施工图是园林工程设计中的关键部分（见图 7-41、图 7-42），主要用于指导构筑物的建设和实施，涵盖平面图、立面图、剖面图、大样图、材料说明等内容。这些图纸详细地展示了构筑物的布局、尺寸、材料、结构和施工工艺，确保设计意图得以准确实施。设计时应注重功能性、美观性、安全性和可持续性，常见的园林构筑物包括亭台楼阁、假山、水景设施、桥梁等。施工图的制作过程包括草图设计、方案设计和施工图绘制，确保施工过程顺利进行。

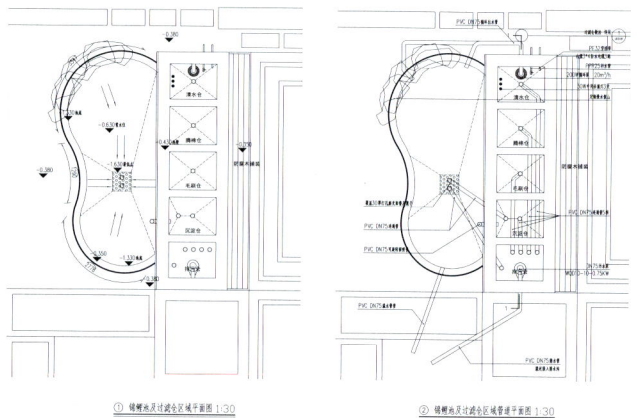

图 7-41 生态鱼池施工图

4. 电气施工图

电气施工图是建筑工程中指导电气安装的详细图纸，展示了电气系统的布置、设备位置及安装要求，确保电气系统的安全和有效运行。主要内容包括电气平面布置图、电气配电系统图、电缆敷设图、电气接地系统图、负荷计算与分配图、照明系

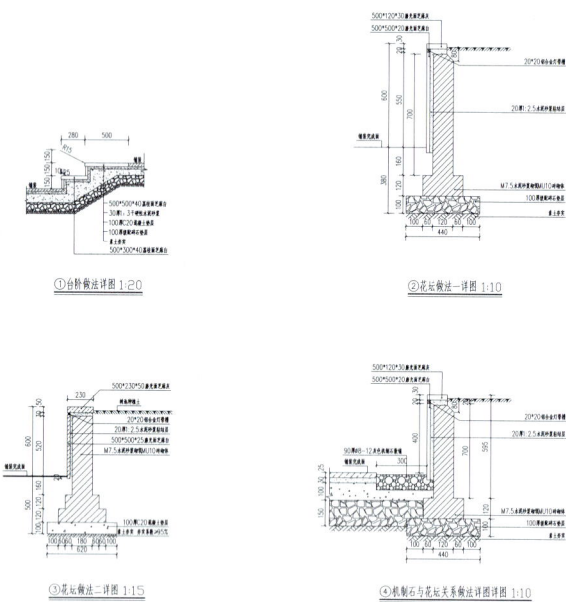

① 景墙平面图 1:30

② 景墙正立面图 1:35

图 7-42 景墙施工图

① 台阶做法详图 1:20

② 花坛做法一详图 1:10

③ 花坛做法二详图 1:15

④ 机制石与花坛关系做法详图 1:10

图 7-40 节点大样图

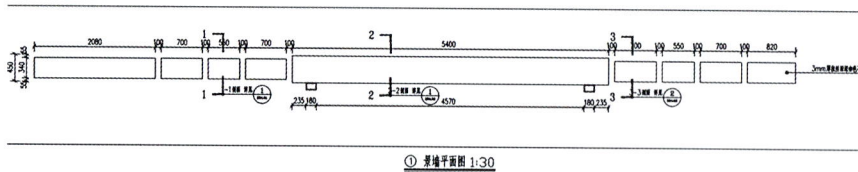

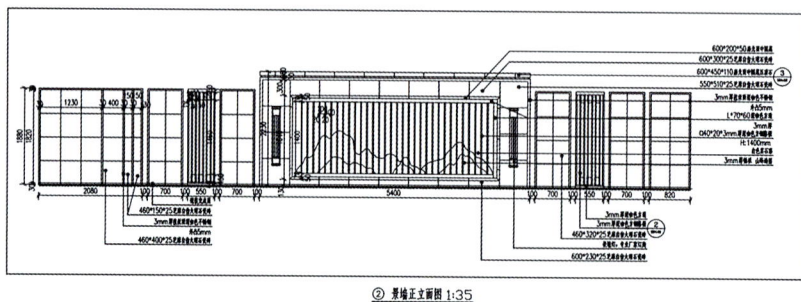

统图及弱电系统图。

5.管网施工图

管网施工图是建筑工程中用于展示管道系统设计与施工细节的重要图纸（见图7-43），涵盖供水、排水、暖通、燃气、消防等管道的布置、连接方式和材料规格。图纸内容通常包括管道的布置位置、尺寸、材料、连接方式、设备安装位置、管道标高与坡度等细节，以及施工过程中的相关要求。

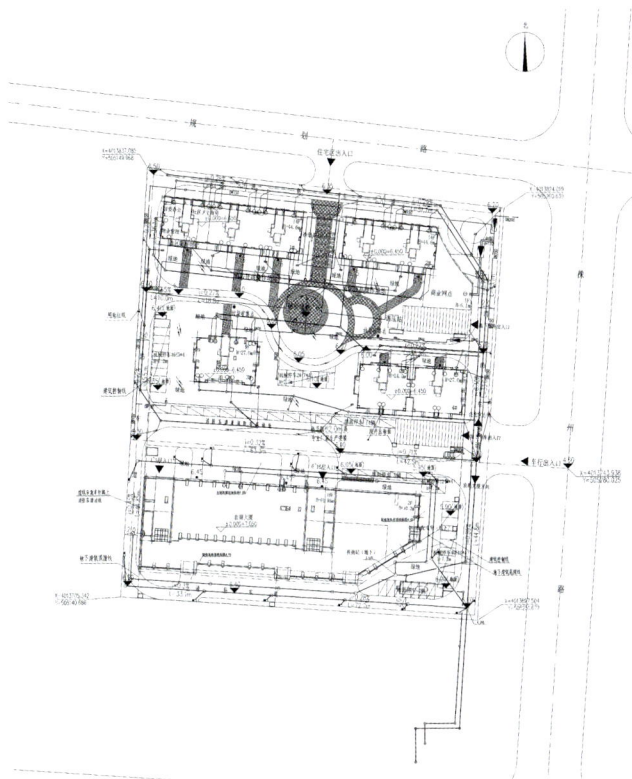

图 7-43　某广场排水管网施工图

7.3.3　施工过程与管理

施工过程的管理涉及从施工图的执行到施工现场的实际操作，涵盖了施工质量、进度和成本控制等方面。有效的施工管理不仅能确保施工按计划进行，还能最大限度地减少施工过程中可能出现的问题。

1.施工准备

施工准备包括现场勘查、施工材料的采购和准备、施工队伍的组织及施工设备的准备等。现场勘查可以帮助施工团队了解现场实际情况，发现并解决潜在问题。施工材料需要提前采购并储备，以确保施工过程不受材料短缺的影响。施工队伍的组织则涉及人力资源的配置和施工技能的培训，确保施工人员能够熟练操作和执行施工任务，施工设备的

准备能确保施工过程顺利进行。

2.施工过程管理

施工过程管理主要包括施工质量控制、施工进度控制和施工成本控制三个方面。

施工质量控制：施工质量控制需要制定和执行质量标准，包括材料质量检验、施工工艺的控制、施工过程中的检查和验收等。质量控制还需要建立反馈机制，对施工中出现的问题进行及时整改，以保证最终的施工质量符合设计要求。

施工进度控制：施工进度控制涉及对施工进度的监测和调整。制订详细的施工计划，并按照计划进行施工是进度控制的基础。施工进度的管理还需要对各个施工阶段进行合理安排，避免因施工延误导致的整体项目延期。

施工成本控制：施工成本控制包括对施工预算的编制和执行、成本核算、费用的审核和控制等。合理控制施工成本可以提高项目的经济效益，防止预算超支。

3.施工现场管理

施工现场管理涉及施工现场的安全、卫生和环境保护等方面。施工现场的安全管理包括对施工人员的安全培训、施工安全措施的实施和安全事故的预防。施工卫生管理则涉及施工现场的清洁和废弃物处理。环境保护方面需要遵守相关法规，减少施工对周边环境的影响。

7.4　实训

从以下10个主题中选择一个进行系统的景观设计，并完成相关设计任务。

①废水回收再利用；②节水景观：海绵城市概念；③非遗设计融入环境景观；④古建筑修复；⑤宗教场所景观设计中的场所表达；⑥垂直花园设计；⑦疗愈景观空间；⑧石漠化修复；⑨五感景观；⑩田园综合体设计。

7.4.1　设计要求

1.主题选择：从上述10个主题中选择一个作为设计方向。

2. 设计方案：提出完整的景观设计方案，考虑景观功能性、美观性与可持续性相结合。方案应包括设计概念、功能布局、材料选择、植被配置等方面。

3. 技术细节：提供详细的图纸、设计说明，确保设计的可实施性。包括但不限于平面图、立面图、效果图等。

4. 创新性：在设计中展现创新思想，提出与众不同且符合主题的解决方案。

5. 可行性分析：针对选定的主题，进行可行性分析，确保设计方案能够在实际环境中成功实施。

6. 文档要求：提交设计报告，内容包括设计思路、背景调研、方案说明、图纸、效果图等。

7. 提交方式：提交电子版设计方案与报告（包括相关图纸和效果图），并准备进行方案答辩。

7.4.2 学生作品展示

1. 作业题目：旧厂艺韵·绘锦韶——基于东莞客家文化的旧厂焕新之旅（见图7-44）

图7-44 学生作品（1）

作业评析：这份设计作业紧密结合了东莞的客家文化和城市更新的需求，选题具有很强的地方性和文化性。学生通过景观设计传承了客家文化的元素，如传统建筑风格、手工艺和民居形式，结合现代功能需求，展现出对社会文化的敏感性。设计思路注重历史遗迹的保留和现代功能的融合，创造了一个多层次、互动性强的空间体验，并注重游客流线、活动需求和休息空间的合理布局。

然而，设计的可行性和实施难度需要进一步考量，特别是在建筑结构的改造和技术方案的可行性

上。虽然创意和文化表达方面表现优秀，但空间布局和功能分配等技术细节仍需完善。设计方案应更加注重环保、可持续性和材料选择，以确保景观设计的实际可行性。总体而言，设计具有较高的文化价值和创新性，但在实践性和技术性方面还需进一步深化。

2. 作业题目：禾悦里——基于快节奏生活下的城市农园设计（见图7-45）

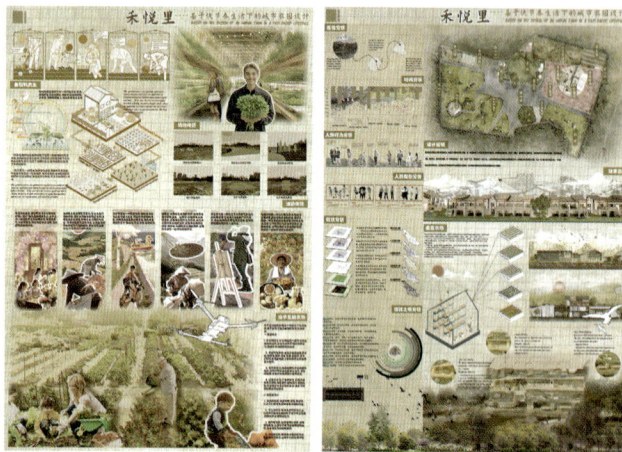

图7-45 学生作品（2）

作业评析：这份景观设计作业《禾悦里——基于快节奏生活下的城市农园设计》展现了对现代城市居民需求和生活方式的关注，尤其是在快节奏生活和生态环境问题的背景下。设计理念强调绿色生态和可持续生活，通过城市农园满足居民对自然空间和健康生活的需求，同时增强城市生态系统的多样性。设计考虑到了多功能性，如休闲、社交、教育等需求，且注重人流路线、自然元素与都市环境的融合，力求提升空间的舒适性和亲和力。

该作业还注重生态可持续性、食品生产和环境友好等因素，提出了创新性设计理念，如利用绿色能源和可再生材料，并探索小规模农田或垂直农园的形式。美学和艺术性方面，设计融入了现代感、舒适感与文化元素，以增强场所的认同感。此外，该作业还考虑了设计的实际操作性与创新性，如建设成本和工程难度的平衡。整体来看，该设计具有很大的潜力和应用价值，若进一步优化功能性、美学性和实施可行性，将大大提升设计的质量。

3. 作业题目："古镇重塑，焕活新生"当代快速发展社会下古镇的保护与修复——河北单堠村古镇修复设计（见图7-46）

作业评析：这份学生的景观设计作业通过"古

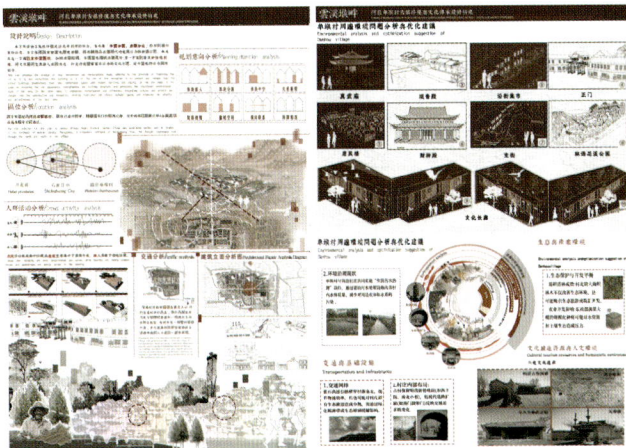
图 7-46　学生作品（3）

镇重塑，焕活新生"的思路，探讨了如何在保护历史文化的基础上融入现代化功能。设计思路较好，注重古镇文化传承与现代需求的结合，但应避免过度开发，避免失去古镇的独特魅力。同时，历史与文化传承部分需要关注传统建筑形式、历史遗迹和民俗文化的保护，避免简单的现代化替代。

该作业在功能性设计方面考虑到了村民的居住环境和现代基础设施的引入，但需要平衡现代化元素与古镇景观的关系，避免过度商业化。环境与可持续性方面的设计体现了对生态和绿色空间的重视，而创新性则增强了古镇的吸引力。总体来说，该作业设计思路正确，但在文化、历史保护与现代化之间应找到更精准的平衡点，并提出更具操作性的实施策略。

4. 作业题目：苇语时光——基于自然的白洋淀景观公共空间设计（见图 7-47）

作业评析：这份作业在设计理念上充分考虑了自然环境与人类活动的融合，体现了生态保护与文化内涵的结合。设计方案将自然景观元素如水域、湿地植被和苇荡与公共空间功能紧密结合，既满足人们休闲娱乐需求，又注重生态功能的展示。此外，"苇语时光"的象征性使设计更具文化深度，通过对苇荡和湿地植物的文化解读增强了人与自然的情感联系。

在功能布局方面，设计考虑到不同群体的需求，提供了步行道、休息区、观景平台等设施，强调人与自然的互动，甚至融入了生态教育功能。设计的生态与环境考虑同样出色，通过本土植物、雨水收集等手段体现了可持续性，同时避免了对湿地生态系统的破坏。设计在美学表现和创新性方面也

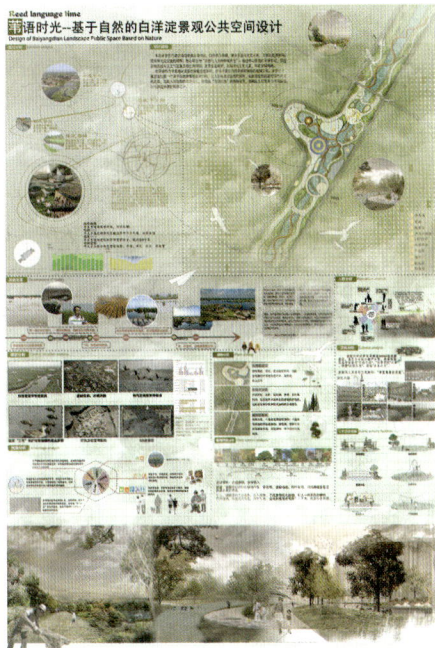
图 7-47　学生作品（4）

有所突破，能够通过空间布局、光影效果等提升人们的空间体验。总体而言，这份设计作业兼顾了功能性、生态性与美观性，展现了自然与人文的和谐融合，具有较高的创新性与可行性。

5. 作业题目：一滴牛奶的奇幻之旅——新疆天山北麓田园综合体牧场驿站设计（见图 7-48）

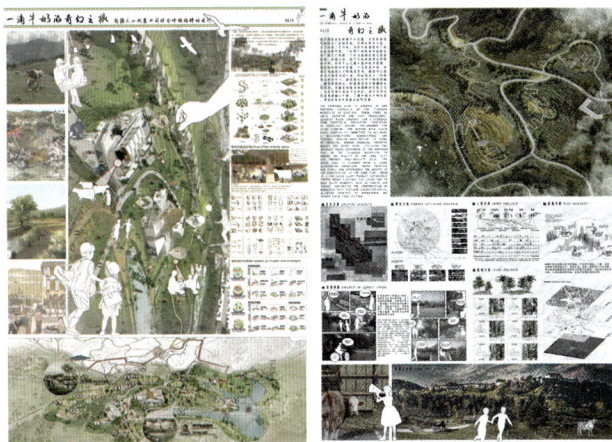
图 7-48　学生作品（5）

作业评析：这份作业在创意和主题表现上非常引人入胜。通过将牛奶的生产过程作为主题，赋予设计叙事性和趣味性，能够引导人们关注农业、食品安全和环境保护等问题。此外，作业在地域性方面也表现突出，结合新疆天山北麓的自然景观和文化特色，为设计增添了独特的地方性元素。如果能够融入新疆的建筑风格和文化特色，将更具地域色彩。

在功能性和创新性方面，作业需要确保设计

能够满足牧场日常运营和游客需求，合理布局各项功能区域。如果设计通过新颖的材料、现代建筑手法，或是独特的结构形式展现创新性，并兼顾可持续发展理念，如绿色建筑和节能环保，将提升整体设计质量。最终，设计图纸的清晰表达和说明的条理性也至关重要，能够体现出设计的专业性和深度。

6.作业题目：橘乡·稻海——基于特色产业发展的田园综合体规划设计（见图7-49）

这份作业紧扣特色产业发展，体现了将地方资源与现代规划相结合的设计理念。通过"橘乡"和"稻海"两个主题，突出了地域特色，展现了如何依托当地农业产业优势（如橘子和稻米）进行产业整合，推动地方经济发展。设计如果能够具体体现出农业生态、旅游、休闲等多功能的有机融合，将增强其可操作性与实践性。

同时，作业的创新性和可持续性也值得关注。若设计能有效考虑自然环境的保护、绿色发展理念及农业与旅游的良性互动，将使得整个田园综合体不仅具有经济价值，还能提升社会和生态效益。整

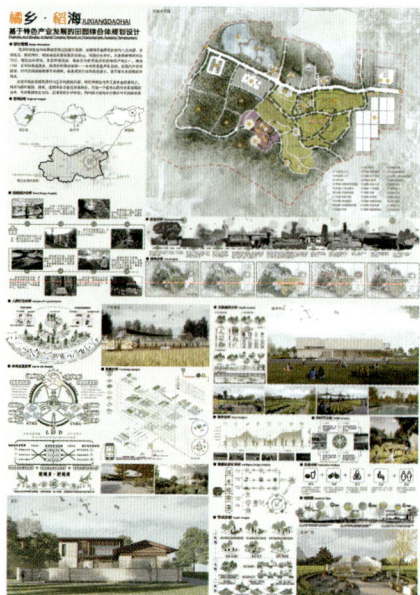

图7-49　学生作品（6）

体而言，该作业如果能够在功能布局和空间规划上进行精细化设计，使得产业、环境和文化能够更好地融合，必定能展现出更强的设计深度与可行性。

参考文献

1. 赵翔宇.基于视觉思维的成都交子大道城市界面夜景观数字色彩设计研究 [D].成都：西南交通大学，2023.

2. 曹培芹.凤阳凤画的基本主题与民俗意蕴探论 [J].美与时代（中旬刊）·美术学刊，2016（7）：121-123.

3. 焦雅琼.论浮雕艺术的概念和特征 [J].新作文（教育教学研究），2011（23）：58.

4. 段正涛，张明海，翟雯雯.田园综合体的规划与设计 [J].农业知识，2020（15）：50-54.

5. 段文科.健康视角下的城市社区公园设计策略研究 [D].大连：大连理工大学，2019.

6. 吕梦颖.基于地域元素应用的城市家具参数化设计 [D].南京：南京林业大学，2023.

7. 张颖.汉代园林的地景空间格局研究 [D].西安：西安建筑科技大学，2007.

8. 王晨.现代景观铺装的材料使用及发展趋势的探讨 [D].天津：天津大学，2017.

9. 段斐.西安市居住区水景观评价 [D].咸阳：西北农林科技大学，2006.

10. 郑勤学.生态河道设计中的美学艺术与自然和谐 [J].美术馆，2023（5）：139-141.

11. 朱芊沄.休闲农业背景下田园综合体规划设计研究 [D].南昌：南昌航空大学，2019.

12. 段艺贝.具身认知视域下交互装置体验设计研究 [D].无锡：江南大学，2023.

13. 粟立帆.住宅小区主要出入口人性化设计提升研究 [D].福州：福建农林大学，2013.

14. 毛宇飞.基于信息场的城市公共空间研究 [D].长沙：中南大学，2010.

15. 李晓波.庭院景观设计的研究 [D].保定：河北农业大学，2013.

16. 廉英奇，欧达毅，潘森森，任立扬.不同景观空间类型的声景评价研究 [J].建筑科学，2020（8）：57-63.

17. 陈博.关中地区小城镇街道景观改造研究 [D].西安：长安大学，2017.

18. 王好好，李建群.浙江红山茶观赏特性分析及油用价值评价 [J].安徽农学通报（下半月刊），2011（12）：56-57.

19. 忻婉蓉.城市山地公园景观空间塑造探讨：以青岛上王埠中心绿地为例 [J].中外建筑，2014（4）：87-89.

20. 刘琪.甘肃省校园体育文化建设路径研究：社会文化影响与策略分析：以天水市为例 [J].西部体育研究，2023（3）：75-78.

21. 佚名.2019 年田园综合体项目申报最新政策解读 [J].农业工程技术，2019（06）：10-13.

22. 阙阗.居住区智能交互景观设计研究 [D].天津：天津美术学院，2021.

23. 李艳.客家民间工艺品艺术鉴赏与探析 [J].江西科技师范大学学报，2008（06）：100-102.

24. 庾君芳.武汉都市圈乡村旅游客源市场需求分析 [J].城市学刊，2018（02）：43-47.

25. 张玉成.关于田园综合体的深度解读 [J].中国房地产，2018（08）：56-61.

26. 佚名.2018 田园综合体项目申报指南 [J].农家之友，2018（03）：11-12.

27. 崔波.天台打造田园综合体的实践与探索 [J].新农村，2018（12）：9-10.

28. 姚芳.江苏大彭镇田园综合体的开发建设要点 [J].农业工程技术，2021（20）：10+12.

29. 谢孟銮.深圳市园林生态环境建设中植物配置及养护措施探讨 [J].南方农业，2024（18）：160-162.

30. 庞峰, 刘楠, 张松, 李永志, 李鹏. 新发展阶段智能综合能源站的建设实践与创新 [J]. 车用能源储运销技术, 2024（3）：48-54.

31. 张玉颖. 自压滴灌技术在农田灌溉中的运用 [J]. 河北农业, 2024（4）：80-81.

32. 李鑫. 基于气候变化的国土空间规划调整策略 [J]. 新城建科技, 2024（6）：73-75.

33. 夏丝丝. 水生植物景观设计与应用研究 [D]. 华中科技大学, 2015.

34. 阙怡, 王吴谒. 大城市都市农业规划模式探析：以成都市为例 [J]. 安徽农业科学, 2014（17）：5537-5540.

35. 周煜. 康养旅游理念下的田园综合体景观规划策略研究 [D]. 北京：北京林业大学, 2020.

36. 李璐瑶, 郭丽. 浅析乡村振兴背景下的田园综合体规划设计 [J]. 四川农业科技, 2019（10）：5-9.

37. 徐明飞, 赵钰燕. 文成农业现状分析及发展对策 [J]. 浙江农业科学, 2015（1）：152-155.

38. 米之杰. 基于"田园综合体"模式的景区依托型乡村规划策略研究 [D]. 合肥：安徽建筑大学, 2023.

39. 梁钰爽. 园林景观设计中的环境教育研究 [D]. 南昌：江西农业大学, 2013.

40. 贺德坤. 现代景观设计范式研究 [D]. 重庆：重庆大学, 2010.

41. 李宏亮. 居住区步行空间初步研究 [D]. 北京：北京林业大学, 2006.

42. 郑曙旸, 等. 环境艺术设计 [M]. 北京：中国建筑工业出版社, 2007.

43. 布思. 风景园林设计要素 [M]. 曹礼昆, 曹德鲲, 译. 北京：北京科学技术出版社, 2018.